INSTAGRAM for BUSINESS

Instagram
でビジネスを変える
最強の思考法

坂本翔

技術評論社

はじめに

「Instagram」は、皆さんご存知の通り、「インスタ」と呼ばれる写真や動画を中心としたSNSです。原則として、文章のみでは投稿できず、必ず写真か動画が必要となります。しかし近年では、「ストーリーズ」のタイプモードのように、文章のみで投稿できる機能も登場しています。

月に1度はInstagramのアプリを開くユーザーの数（MAU＝Monthly Active Users）は、**世界で10億以上**。毎日アプリを開くユーザーの数（DAU＝Daily Active Users）は、5億以上いると言われています。

日本国内のMAUは3300万となっており、そのうち、**男性が43%**、**女性が57%**という割合です。また、スマホ時代に合った縦型のコンテンツで情報を共有するストーリーズは、日本のDAUの70%が利用する機能に成長しています。通常投稿と同じくらい、ストーリーズの活用も必須となってきていることがわかります。

国内の月間アクティブ率は84.7%と言われており、これは、皆さんが毎日のように使うであろう「LINE」並みの数字です。その理由として、Instagramのメッセージ機能をLINEのようなコミュニケーションツールとして利用しているユーザーがいることや、24時間で消えるストーリーズの流行の影響だと考えられます。

また、2018年のFacebook社の公式イベントでは、日本の80%のユーザーがInstagramの投稿をきっかけになんらかの行動を起こした経験があり、40%のユーザーが投稿を見た後にECサイトなどで実際に商品を確認したり、購入したりした経験があるというデータも公表されました。

さらに、**日本人がInstagramでハッシュタグ検索をする回数は、世界平均の約3倍**とも言われています。日本では2017年に「インスタ映え」が流行語大賞になったことも相まって、Instagramが情報収集や日常生活を共有する場として生活に根付いてきていることがわかります。

申し遅れましたが、私はＳＮＳプロモーション事業を展開する「株式会社ＲＯＣ（ロック）」の代表取締役ＣＥＯをさせていただいている、坂本翔と申します。弊社では、日本全国から日々Instagramに関するお問い合わせを数多くいただきます。私たちが、日々クライアントにお伝えしているInstagram運用における考え方やノウハウのニーズが高まっていることを感じ、本書の執筆に至った次第です。

今回の書籍は、国内外の多くの方に手に取っていただいた前作「Facebookを最強の営業ツールに変える本」（技術評論社）に続く書籍として、Instagramに特化した形で執筆しました。Instagramは、Facebook社が２０１２年に買収したサービスです。そのため、Facebookの仕様変更などの影響を直接受けることも多く、Instagramを活用する上でFacebookを知っておいて損はありません。お時間があれば、ぜひ併せてお読みください。

前作のスタンスと同様に、本書でも、単なるInstagramアプリの操作解説書ではなく、Instagram時代における顧客獲得や採用など人を集めるために必要な考え方から、具体的なノウハウやテクニックについてお伝えしていきます。Instagramには、Insta gramをビジネスに活かす上で重要となるいくつかの考え方があります。本書ではそれを、「**Instagramでビジネスを変える最強の思考法**」としてまとめました。

本書を手に取ってくださった読者の皆さんの中には、すでにInstagramをビジネス活用されている方もいれば、これからInstagramを本格的に活用していく方もいると思います。本書で得た情報や知識は、実際にInstagramの投稿でアウトプットしてみてください。そうすることで、より深く本書の内容が身に付いていくはずです。その投稿の際は、ぜひ「**＃インスタ思考法**」というハッシュタグを付けていただければと思います。

本書でお伝えする思考法が、1人でも多くの方のもとに届き、Instagramのビジネス活用の一助となれば幸いです。

2019年7月　坂本 翔

目次

第3章 ■ Instagramで「見込み客」を集める方法……89

【免責】

本書に記載された内容は、情報の提供のみを目的としています。したがって、本書を用いた運用は、必ずお客様自身の責任と判断によって行ってください。これらの情報の運用の結果、いかなる障害が発生しても、技術評論社および著者はいかなる責任も負いません。
本書記載の情報は、2019年7月現在のものを掲載しております。ご利用時には、変更されている可能性があります。OSやソフトウェアなどはバージョンアップされる場合があり、本書での説明とは機能内容や画面図などが異なってしまうこともあり得ます。OSやソフトウェア等のバージョンが異なることを理由とする、本書の返本、交換および返金には応じられませんので、あらかじめご了承ください。

以上の注意事項をご承諾いただいた上で、本書をご利用願います。これらの注意事項に関わる理由に基づく、返金、返本を含む、あらゆる対処を、技術評論社および著者は行いません。あらかじめ、ご承知おきください。

第  章

Instagramでビジネスを変える「基本」を知る

01 Instagramをビジネスに活用するべき「3つの理由」

なぜ今、商品やサービスの販売、宣伝にInstagramを活用するべきなのでしょうか。「はじめに」でもお伝えしたように、Instagramのユーザー数が爆発的に伸びていて、アクティブ率が高いことはもちろんです。しかし、こうした数字から見た側面以外にも、次のような理由があげられます。

●情報量

Instagramでは、投稿時に写真か動画を入れなければならないのが基本です。「写真または動画＋文字やハッシュタグ」という構成なので、文章のみの投稿でも成り立つ他のSNSと比べて、**多くの情報を一度に伝えることができます**。これは最も一般的な投稿方法である「通常投稿」の話ですが、その他の投稿方法である「ストーリーズ」や「IGTV」もあわせて活用することで、より多様な表現でユーザーに情報を伝えることが可能です。

●世界観の表現

縦に1列で過去の投稿が並び、過去の投稿を遡って見るのに時間がかかる他のSNSとは異なり、Instagramでは、**プロフィールページに過去の投稿が3列、かつ、写真の一覧として表示**されます。そのため、過去の投稿を一覧で確認することができ、自社の世界観を一目でユーザーに伝えることができます。

▲通常投稿（写真＋文章＋ハッシュタグ）

効率のいい拡散

Instagramには、Facebookでいう「シェア」や、Twitterでいう「リツイート」などの直接的な拡散機能はありません（本書執筆時点）。しかし、ハッシュタグの活用により、趣味嗜好の似た人に向けて情報を発信することが可能です。ハッシュタグに自社のターゲットユーザーが検索しそうなキーワードを入れ込むことで、**自分の商品やサービスに関心を示す可能性の高い層に、効率よく情報を拡散できます**。

▲ プロフィールページの例
@raylily_closet
©Raylily

「はじめに」でお伝えしたように、日本でのハッシュタグ検索数は世界平均の3倍と

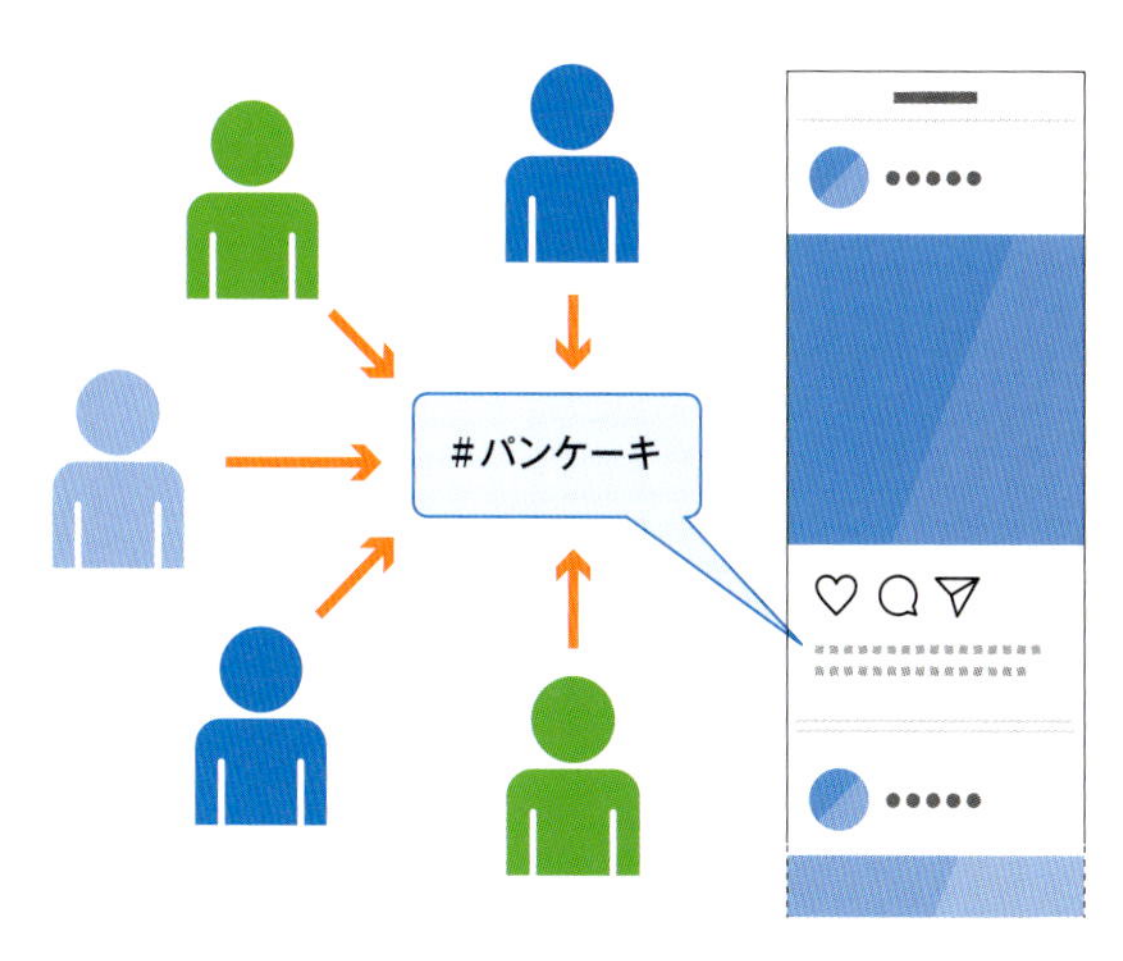

▲ハッシュタグの活用により効率よく情報を拡散できる

いうデータも発表されていますので、ハッシュタグを活用することは、Instagramにおいて必須であると言えます。

主にこれらの理由から、ビジネスにはInstagramを活用すべきであると言えます。次節では、Instagramにおける3種類の投稿方法について、お伝えしていきます。

02 3種類の「投稿方法」を使い分ける

Instagramには、大きく分けて3種類の投稿方法があります。それが、「通常投稿」「ストーリーズ」「IGTV」です。

通常投稿

通常投稿は、Instagramのアプリを開くとフォローしている人の投稿が流れて来る、フィードと呼ばれる画面に縦並びで表示される投稿のことです。「Instagramの投稿」と言えば、一般的に「通常投稿」のことを指します。通常投稿では、写真または動画を、1回の投稿につき**10件まで投稿することができます**。また、主に「画像または動画＋文章＋ハッシュタグ」という組み合わせで構成するのが一般的です。

通常投稿の場合、ひとつの動画の長さは、**3秒～60秒まで**です。

●ストーリーズ

ストーリーズは、メインの画面であるフィードの上部に、投稿者のアイコンが横に並ぶ形で表示される、24時間限定で公開される投稿です。**日本のDAU（Daily Active User）の70%以上がストーリーズを活用**しており、日本だけで1日700万件以上のストーリーズが投稿されていると言われています。通常投稿とは異なり全画面表示されるので、没入感・臨場感があり、自社の商品やサービスを身近に感じてもらいやすいと言えます。

▲ 通常投稿とフィード

ストーリーズでは、写真または動画の投稿が可能です。写真はスマートフォンの形に合わせた縦型で投稿するのが主ですが、横型の画像も投稿できます。ストーリーズで投稿できる動画は、通常投稿の動画よりも短く、1動画あたり**最大15秒**までとなります。ストーリーズには、その他に文字だけで投稿できるタイプモードなどがあり、様々な表現が可能です。本来は24時間経過すると消えてしまうストーリーズですが、「ハイライト機能」を使うことで、プロフィールページに自分のストーリーズをジャンル分けして残すこともできます（P.78参照）。

▲ ストーリーズとフィード

●IGTV

IGTVは、Instagramの投稿方法の中では、最も新しい機能です。**15秒〜10分**という長時間の動画を投稿できます（認証アカウントなどの一部アカウントでは60分まで可）。Instagramとは別に、IGTV専用のアプリもあります。

ストーリーズと同様、スマホの画面に合わせた縦型動画で、横に指をスライドさせるスワイプ操作によって、次の動画へサクサクと移動することができます。この「他の動画へ移動しやすい」という特徴は、ともすれば、興味がないと思われるとす

▲ ストーリーズのハイライト機能
@grico0221
©grico

ぐに別の動画へ移動されてしまう、ということを意味します。**まずは動画の再生前に表示されるカバー画像で目に止めてもらい、さらに冒頭の数秒で視聴者を引き付けられるような構成**を考えないと、すぐにユーザーが移動してしまうので注意が必要です。

以上が、Instagramで可能な3種類の投稿方法です。それぞれで実際にどのような内容を投稿するべきなのかについては、後述します。

▲ IGTV へのリンクと IGTV のトップ

通常投稿	
写真や動画の数	10件まで(1投稿あたり)
動画の長さ	3秒～60秒まで(1動画あたり)
特徴等	Instagramの中心となる投稿手法。

ストーリーズ	
写真や動画の数	原則1件(1ストーリーズあたり)
動画の長さ	15秒まで(1ストーリーズあたり)
特徴等	24時間で自動消滅。ハイライト機能でそれ以降も公開することが可能。

IGTV	
動画の数	1件(1IGTVあたり)
動画の長さ	15秒～10分(1IGTVあたり) ※一部アカウントは60分まで可
特徴等	長時間の動画を投稿できる。専用アプリがある。

リール	
写真や動画の数	1件(1リールあたり)
動画の長さ	15秒～30秒(1リールあたり)
特徴等	短尺動画を投稿できる。機能内での編集機能が充実。

ユーザーの行動を「5段階」で考える

次に、Instagramを使う上で、消費者がどのようなプロセスで自社の商品に触れ、そこから最終的に購入へと至るのかを考えてみましょう。

現代の消費者は、**「DECAX（デキャックス）」**という流れで消費行動をするという説があります。これは、２０１５年に、電通デジタル・ホールディングスの内藤敦之氏が提唱した消費行動モデルで、私はInstagramにおける消費行動を考える上で、この理論を適用しています。

「DECAX」とは、次の５つのプロセスによって消費者の行動が決定されるという考え方です。

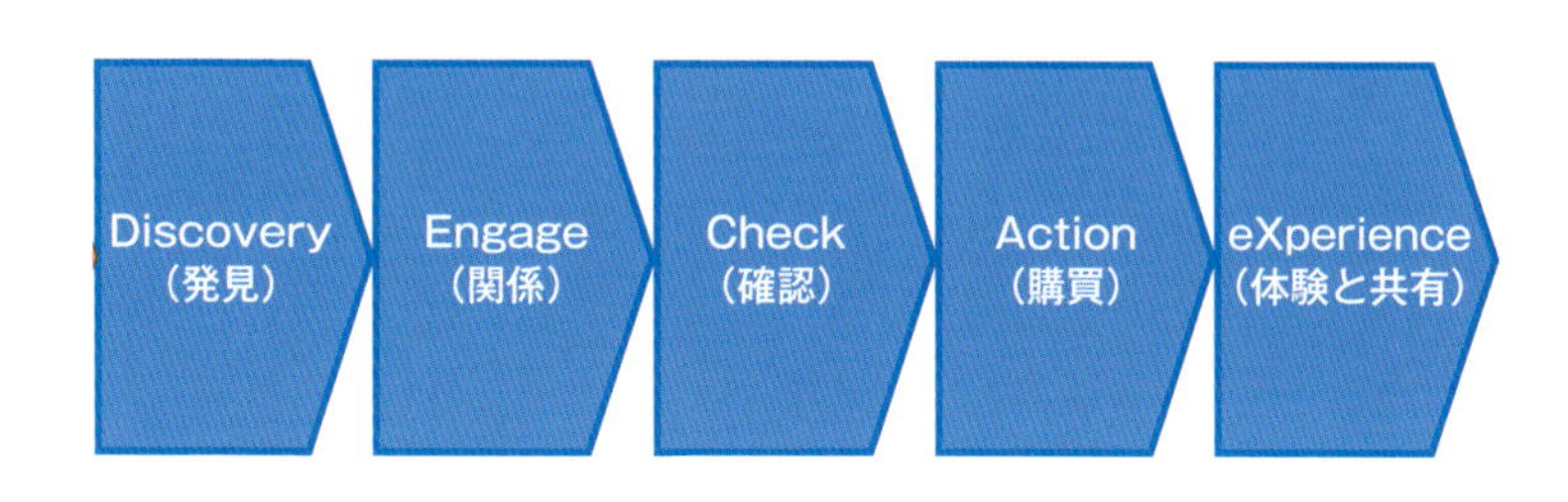

▲ DECAX

①Discovery（発見）
②Engage（関係）
③Check（確認）
④Action（購買）
⑤eXperience（体験と共有）

次節から1つずつ解説していきますが、その前にざっくりと全体の流れを把握していただくため、ここで1つの例を出してみます。

例えば、「今まで仕事の関係でネイルができなかったけれど、転職をきっかけにネイルを始めたいと思っている渋谷在住の女性Aさん」がいるとします。

① Discovery（発見）

Aさんは、いつも通り友達の近況を見るためにInstagramを開いて、ふとネイルに関する情報収集をしようと思い立ちました。そこで「#渋谷ネイル」というハッシュタグで検索を行い、好みのネイルを投稿しているお店のアカウントを見つけます。

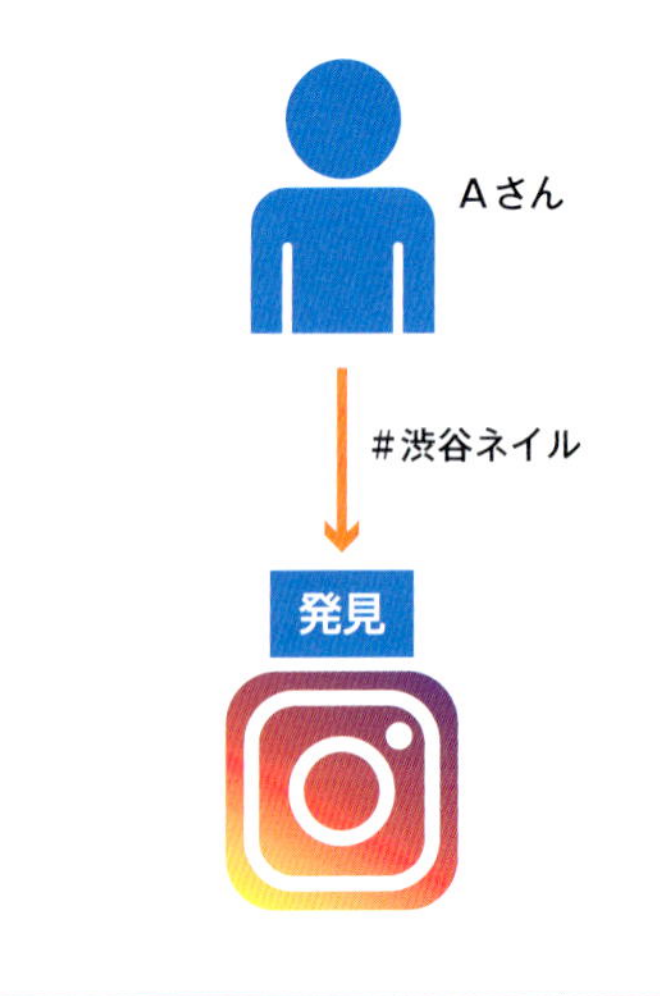

② Engage（関係）

直近の仕事やプライベートのスケジュールが読めなかったので、すぐに予約をせず、とりあえずそのアカウントをフォローすることにしました。

Aさん
関係
フォロー

③ **Check（確認）**

アカウントをフォローすると、Aさんの Instagramのフィードには、当然そのアカウントが発信した投稿が表示されることになります。その度に、Aさんは投稿をチェックします。

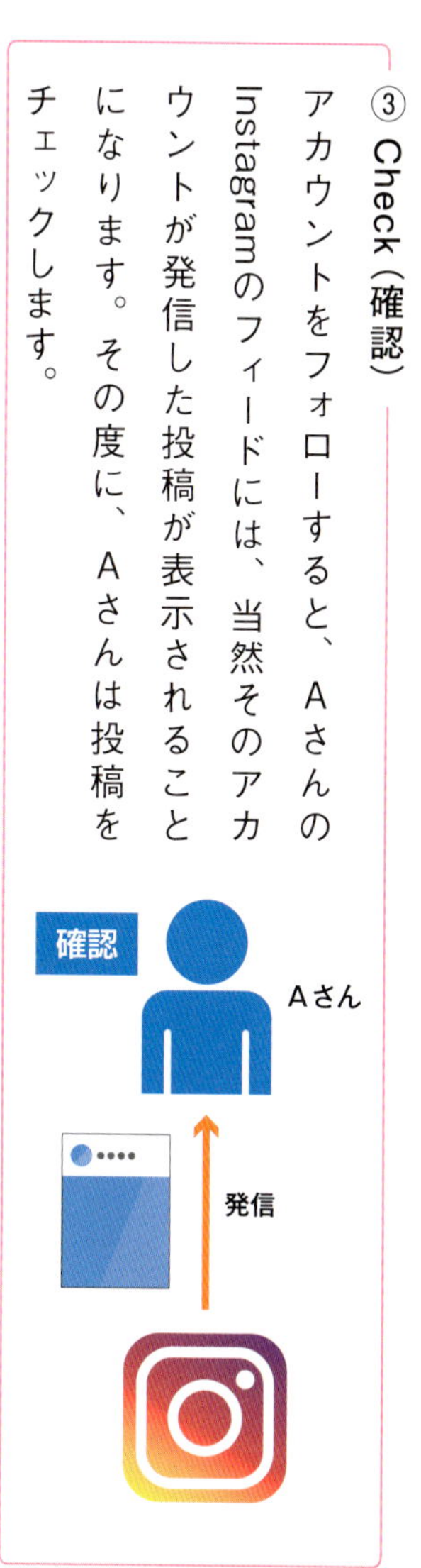

④ **Action（購買）**

確認のフェーズを何度も繰り返すことで関係も深まっていくうち、Aさんのスケジュールも確定しました。このタイミングで、そのお店のInstagramアカウントから電話もしくはウェブサイト経由で、来店予約を行いました。

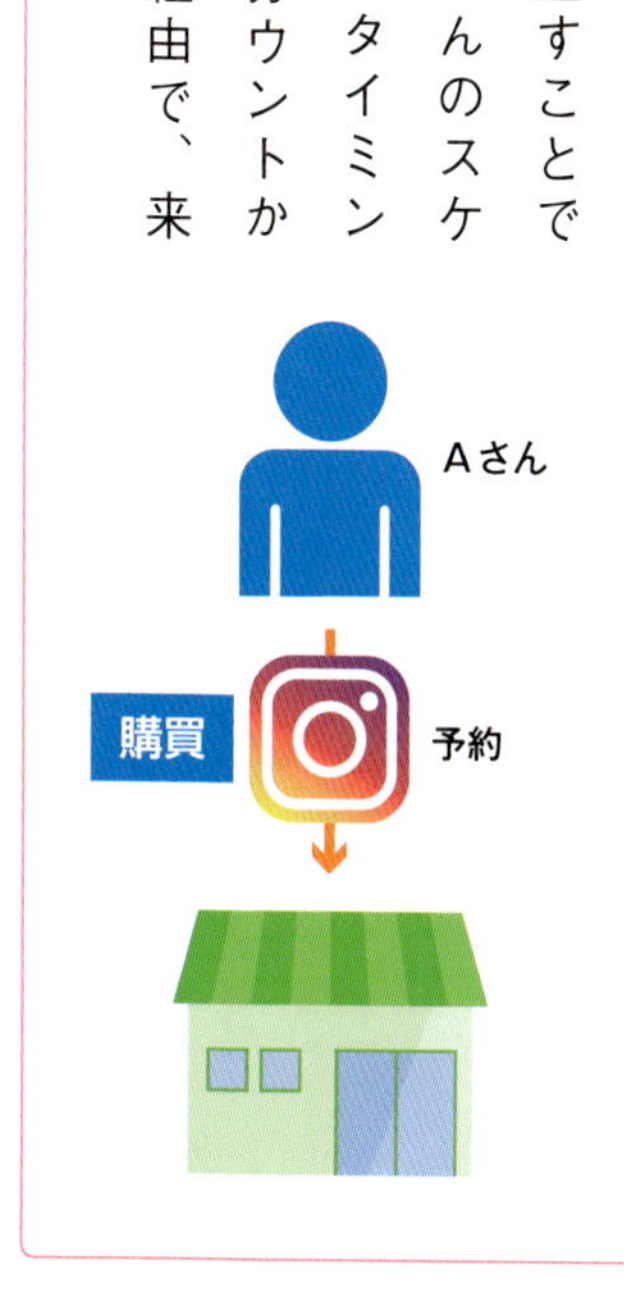

⑤ eXperience（体験と共有）

予約をした日に、実際にお店に来店して、ネイルの施述を受けました。そしてそこで得た体験を、自身のInstagramなどのSNSやリアルの世界で、フォロワーや周囲の友人との間で共有します。

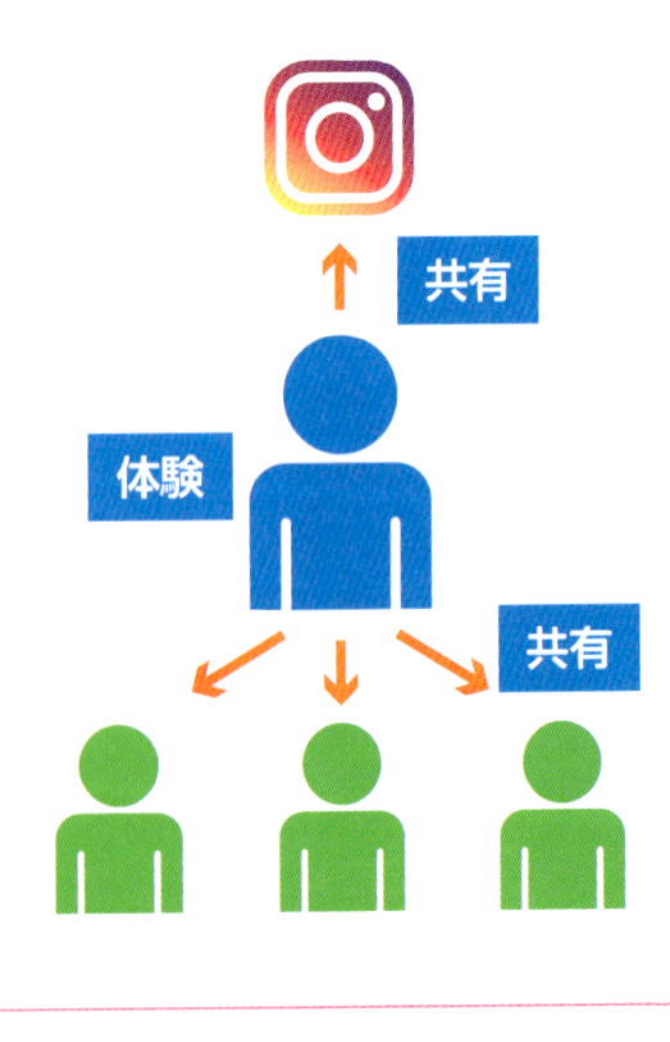

SNSを通したこのような一連の流れは、今の時代、「自分でも経験したことがある」という方も多いのではないでしょうか？

DECAX全体の流れがつかめたところで、次節からは、この5つのそれぞれについて詳しく解説していきます。

情報を設置して「発見」してもらう

まずは、「Discovery＝発見」です。

ターゲットのユーザーにアカウントを発見してもらうためには、瞬間的な**「情報発信」**と、その情報を設置して後で見てもらうための**「情報設置」**という2つの考え方が必要です。

Instagramでは、投稿した情報が「発信」したタイミングでフィードに表示されるのはもちろんのこと、発信した投稿の一覧がプロフィールページに「設置」されていくことになります。FacebookなどのＳＮＳと

Discovery（発見）
Engage（関係）
Check（確認）
Action（購買）
eXperience（体験と共有）

▲ Discovery（発見）

は異なり、プロフィールページでは、過去の投稿画像が3列に並び、一覧で表示されます。そのため、過去に投稿された内容へのアクセスが圧倒的に簡単であるというメリットがあります。

多くのユーザーは、**アカウントをフォローする際に、このプロフィールページを訪れます**。そこで、これまでの投稿一覧を眺め、フォローするかどうかを判断するのです。また、タイミングが悪く、投稿した際に見てもらうことができなかった

▲ 多くの場合、プロフィールページで投稿の一覧を確認した上でフォローするかどうかの判断をする
@botanist_official
©BOTANIST

投稿も、プロフィールページから見てもらうことができます。そのためInstagramでは、情報を「発見」してもらうという意味で**プロフィールページに情報を設置する**という考えがとても重要になります。

こうしたプロフィールページを見てもらうためのもっとも一般的な方法が、ハッシュタグの活用です。次ページで紹介しているように、ハッシュタグで検索すると、同じハッシュタグが付けられた画像が一覧表示されます。その画像からユーザーネームをタップすることによって、プロフィールページが「発見」されるのです。フィードの仕組み（P.134参照）による優先順位はあるものの、**フォローされていないユーザーに自分の投稿を届け、発見してもらうには、ハッシュタグを付けることが最も簡単な方法**です。

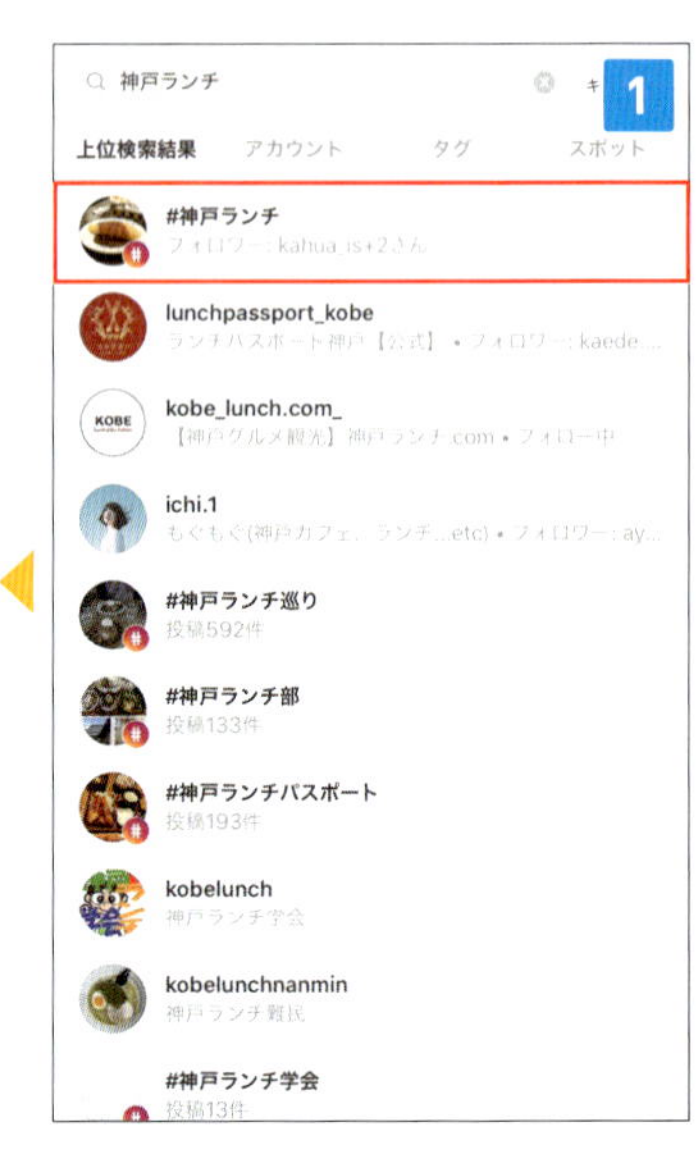

▲「# 神戸ランチ」で検索

▲「# 神戸ランチ」のハッシュタグが付いた投稿が一覧表示されるので気になる投稿をタップ

その他、フォローされていないユーザーに「発見」してもらう方法として、6章でご紹介するInstagram広告があります。詳しくは後述しますが、広告と言っても、InstagramではInstagramの世界観を壊さない、宣伝色の少ない広告を作成する必要があります。**宣伝色の強いアプローチでユーザーの注意を引く時代は終わりました**。旧来の広告に対する考え方から、Instagram時代の新しい思考法へと転換する必要があるのです。

▲このアカウントの他の投稿を見たいと思い、ユーザーネームをタップ

▲他の投稿も確認し、フォローする

このようにInstagramでは、様々な方法で自社のアカウントを「発見」してもらうことが可能です。

次節では、「発見」してもらったあとの「関係（Engage）」の構築について解説を行います。

05

フォローという「関係」でライトなつながりを作る

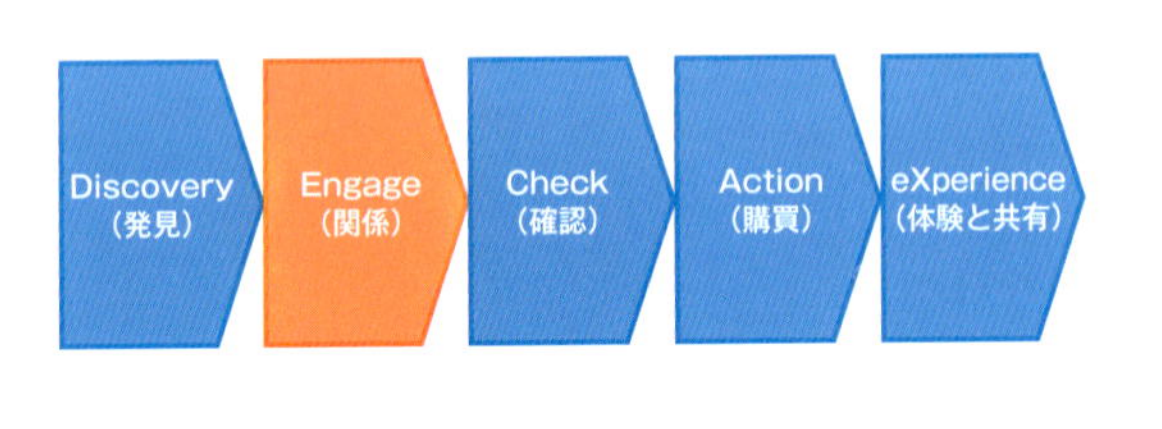

▲ Engage（関係）

ターゲットユーザーに「発見」をしてもらったら、次はその「発見」を「関係」へとつなげていかなければなりません。前述（P.28参照）の例では、「フォロー」をしてもらいました。

そもそも企業は、メールアドレスや電話番号、名前など、ターゲットユーザーの個人情報を常に求めています。それを持っていれば、そこに営業をかけることで自社の商品やサービスを販売していくことができるからです。

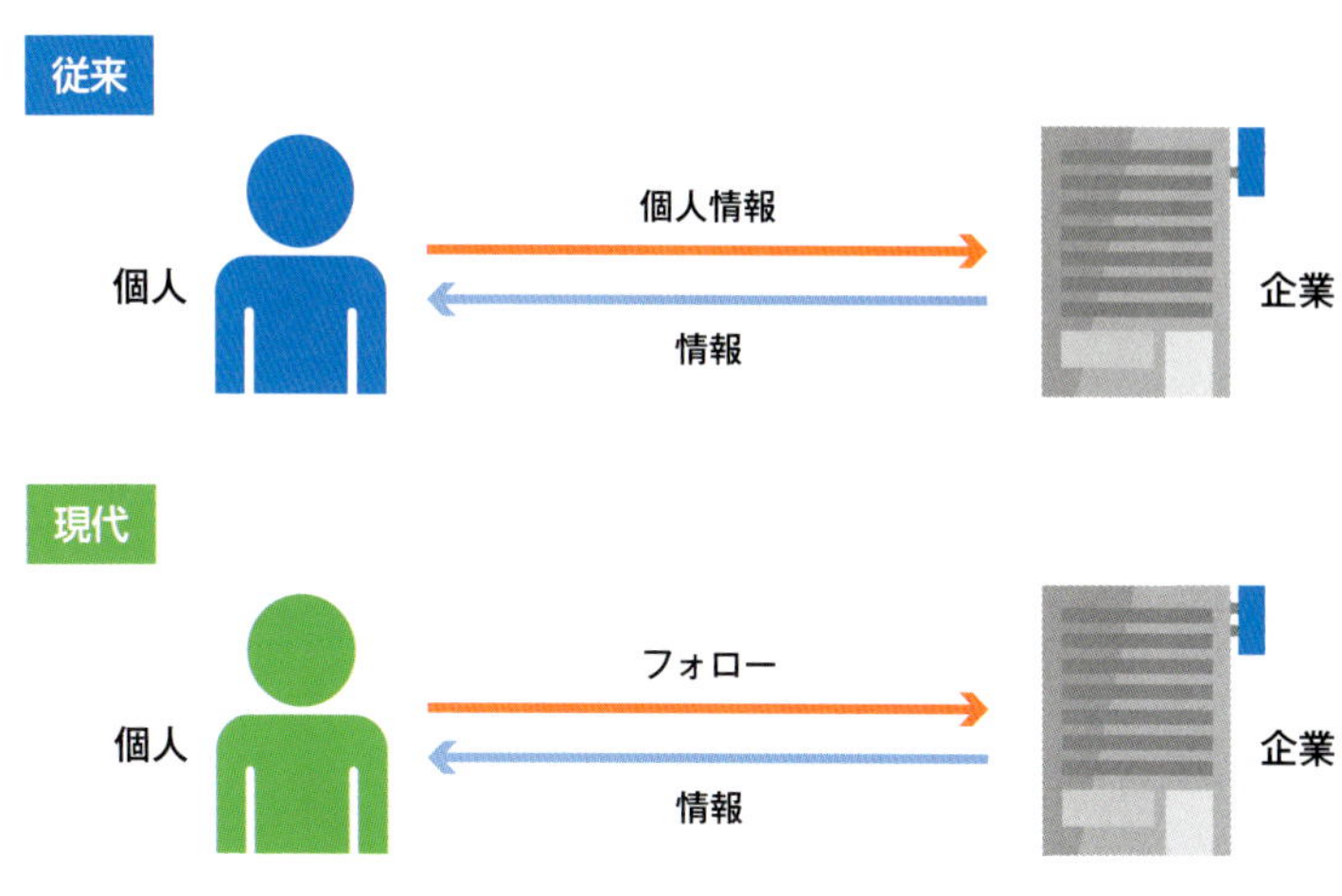

▲ 従来と現代の消費者と企業の関係

ただし、そのような個人情報がほしいというのは、あくまでも企業側の勝手な都合にすぎません。通常、消費者は、自分の個人情報を企業に渡すことを快く思わないのです。DECAX時代の消費者は、自分の個人情報は渡すことなく、しかし自分の得たい情報はすべてほしいという、**圧倒的に優位な立場で企業との関係を構築することを求めています**。私たち発信者側（企業側）は、このような消費者の志向に合わせたビジネスを行う必要があります。

そこで、Instagramの登場です。従来であれば、消費者が企業側の情報を受け取りたいと思えば、自ら個人情報を企業に渡し、DMやカタログのような郵送物やメルマガなどを受け取ることで「関係」を構築してきました。しかし、Instagramアカウントのフォローという形であれば、消費者は自分の個人情報を企業側に公開することなく、企業側が発信する情報を受け取ることができます。

このように、消費者が圧倒的に優位な立場で、かつ、ライトな形で関係を始められるという点が、InstagramがDECAX時代のユーザーとの「関係」を構築する上で最適な理由の1つなのです。

ターゲットとなるユーザーが、「このお店の情報を今後も受け取りたい」「この企業とつながっていたい」と思ったときに、**企業側が個人情報の入力を求めるのではなく、気軽にフォローできるInstagramのアカウントを用意しておく**ということは、このDECAX時代、とても重要な考え方だと言えます。

06 飾られていないリアルな声を「確認」する

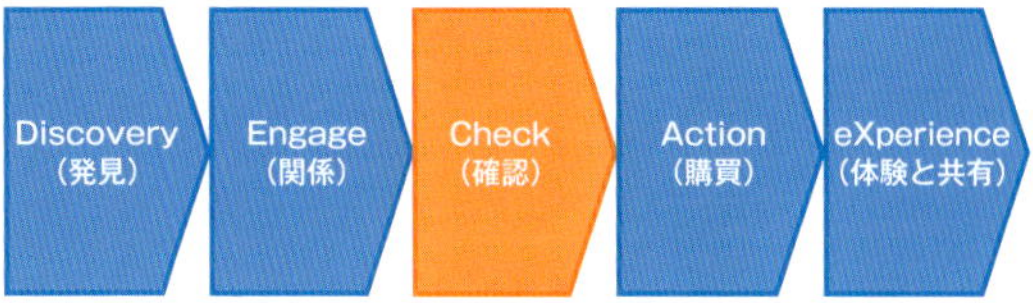

▲ Check（確認）

「関係」の構築ができたら、次は、「Check（確認）」の段階です。

この節のタイトルにもある通り、現代の消費者は、「飾られていないリアルな声」を求めています。飾られていないリアルな声というのは、**Instagramに投稿しているユーザーたちの画像や言葉によって表現される声や情報のこと**です。こうした「リアルな声」とは対照的なのが、Googleなどの検索サイトで検索をして出てくる情報です。

GoogleやYahoo!などの検索サイトを使って出てくる情報は、ユーザーの「リアルな声」ではないことが少なくありません。企業が出稿したリスティング広告や、SEO業者が対策をして検索結果に上位表示させたページなど、「操作された情報」が多いのです。もちろん、検索サイトに表示された情報がすべて操作されたものというわけではありませんが、多くの情報が、「ユーザーのリアル」からかけ離れたものであることは事実です。

現代の消費者は、このような操作された・飾られた情報ではなく、**「実際に商品を使用したユーザーの声」「実際にそのお店に来店したユーザーが発信する情報」**を、Instagramで「確認」したいのです。

DECAXの時代のユーザーは、Instagramで発信されている複数の情報を「確認」してから、次の「購買行動」を起こします。自社でInstagramへの発信体制を整えることはもちろんのこと、ユーザー自身に自社関連の情報をInstagramへ投稿してもらえるように、Instagramキャンペーンを打つなどの工夫が必要となってくるのです（P.108参照）。

フォローされたユーザーのフィードには、後述する表示順位（P.134参照）があ

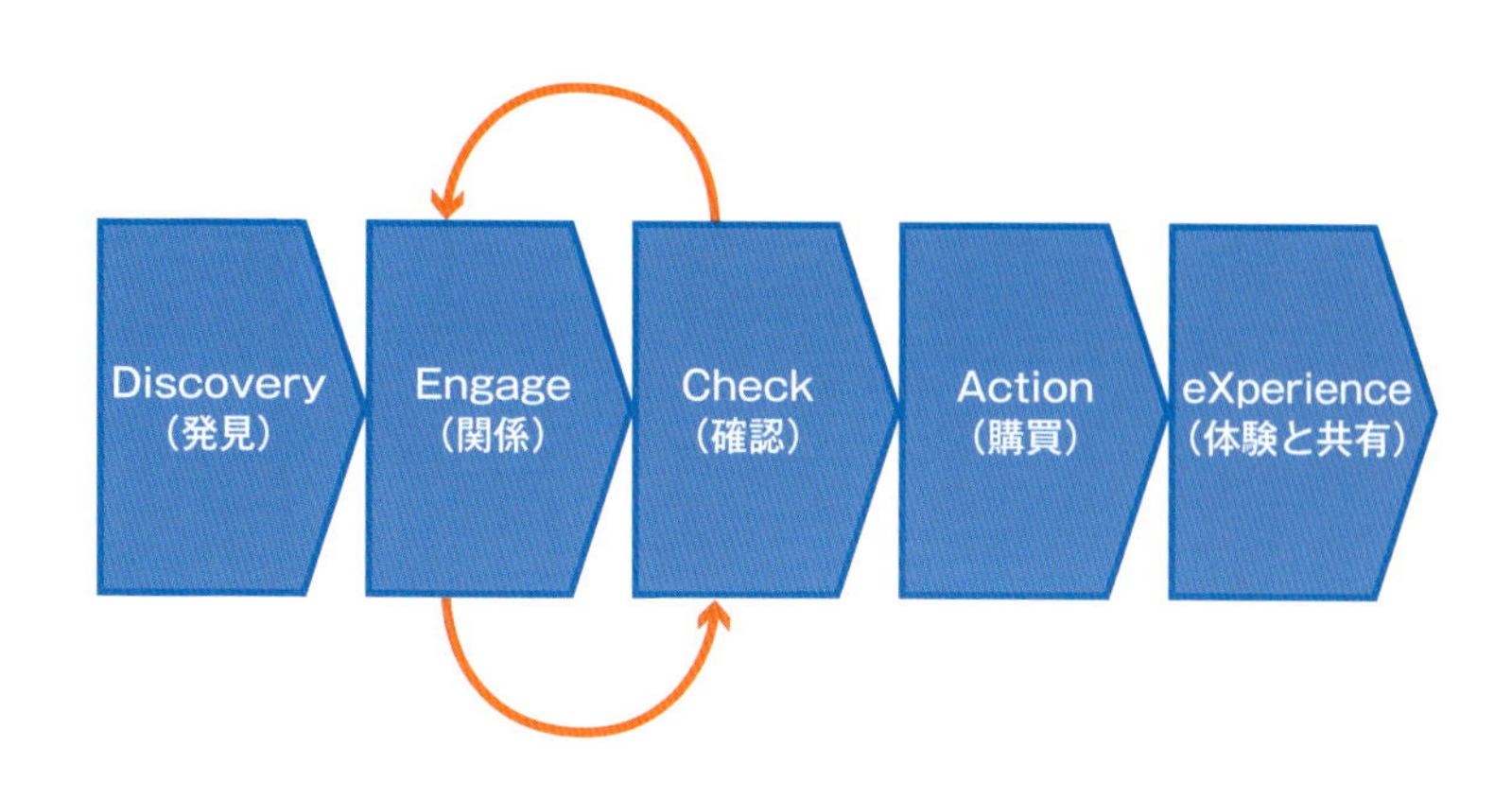

▲「確認」を繰り返すことで「関係」が深まっていく

るものの自社の投稿は必ず届く仕組みになっているため、発信の度にフォロワーに情報を見てもらうことができます。また、ハッシュタグを付けることで、ハッシュタグ検索を経由してフォロワー以外のユーザーの流入を期待できたり、Instagram広告を活用することで、さらに広いユーザーに自分の投稿を届けることができます。

このような様々な角度から、何度も情報を「確認」してもらうことで「関係」が深まり、次の「購買」のステップへと移っていくのです。

07

まずは入口商品を「販売」する

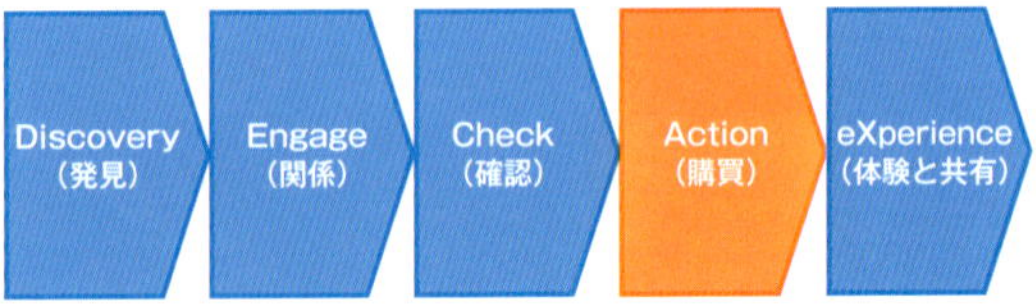

▲ Action（購買）

「確認」を続けることで「関係」が深まったら、次はDECAXのA、「Action（購買）」についてです。

ここで解説したいのは、「Instagramでは何を売るのか？」という点です。その答えは、**「入口商品」**です。**「売りたいものを売るためのもの」**と言い換えることもできます。Instagramでは、入口商品の販売に注力します。SNSによる営業は、「売りたいものを売る」営業ではありません。**Instagramで販売するのは、「売りたいものを売るための入口商品」**なのです。

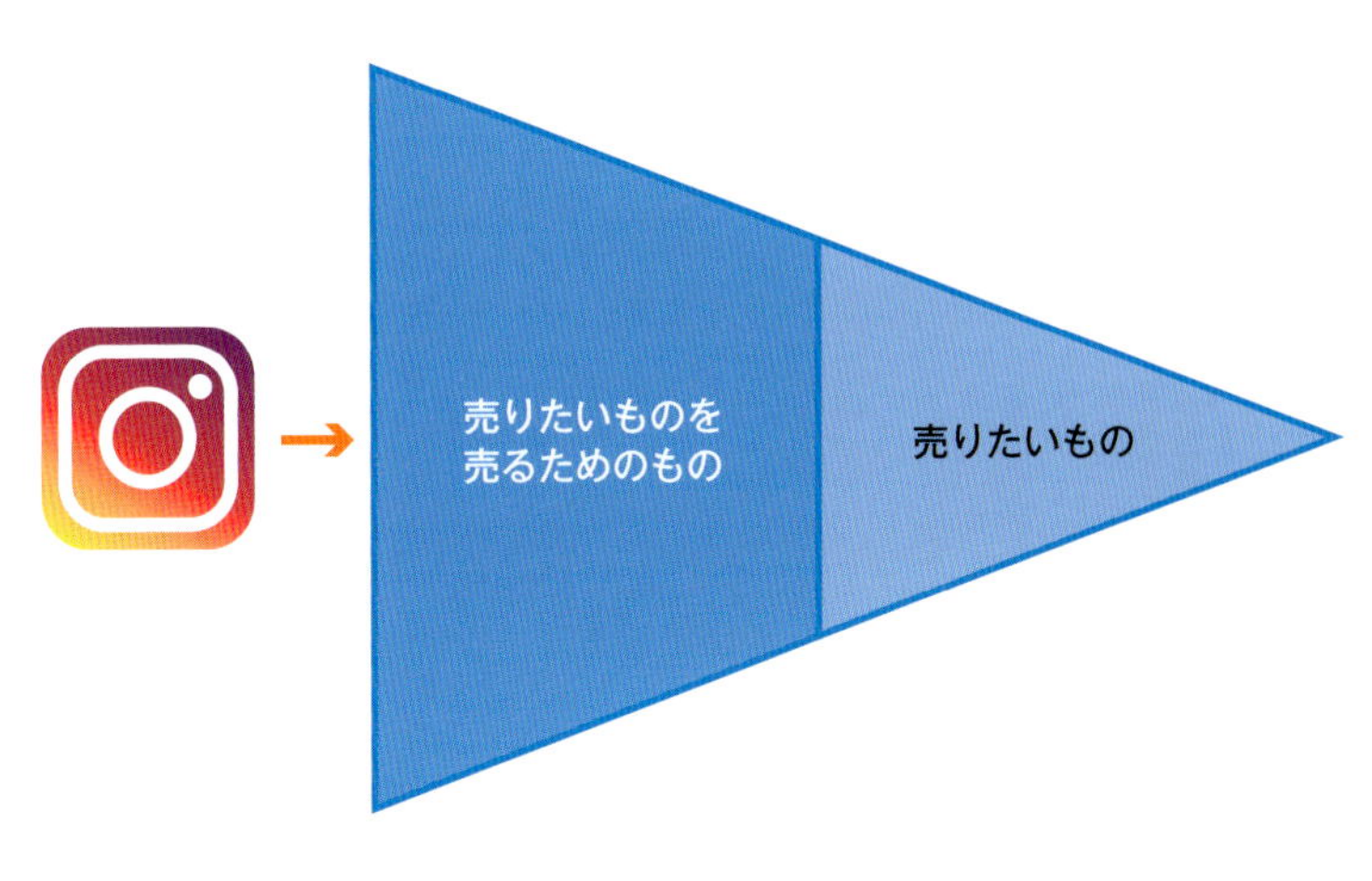

▲ Instagramからは入口商品へ誘導する

例えば、いきなり数万円もする高額商品の販売やリピートを狙うのではなく、まずは手を出しやすい価格帯の商品やお試し商品を買ってもらいます。そこから本当に買ってほしいものへとつなげていくようなイメージです。

ＳＮＳというライトな関係から始まる場では、いきなり「売りたいもの」を売ろうとするのではなく、このように、まずは「売りたいものを売るためのもの」を売るという遠回りな戦略をとる必要があるのです。

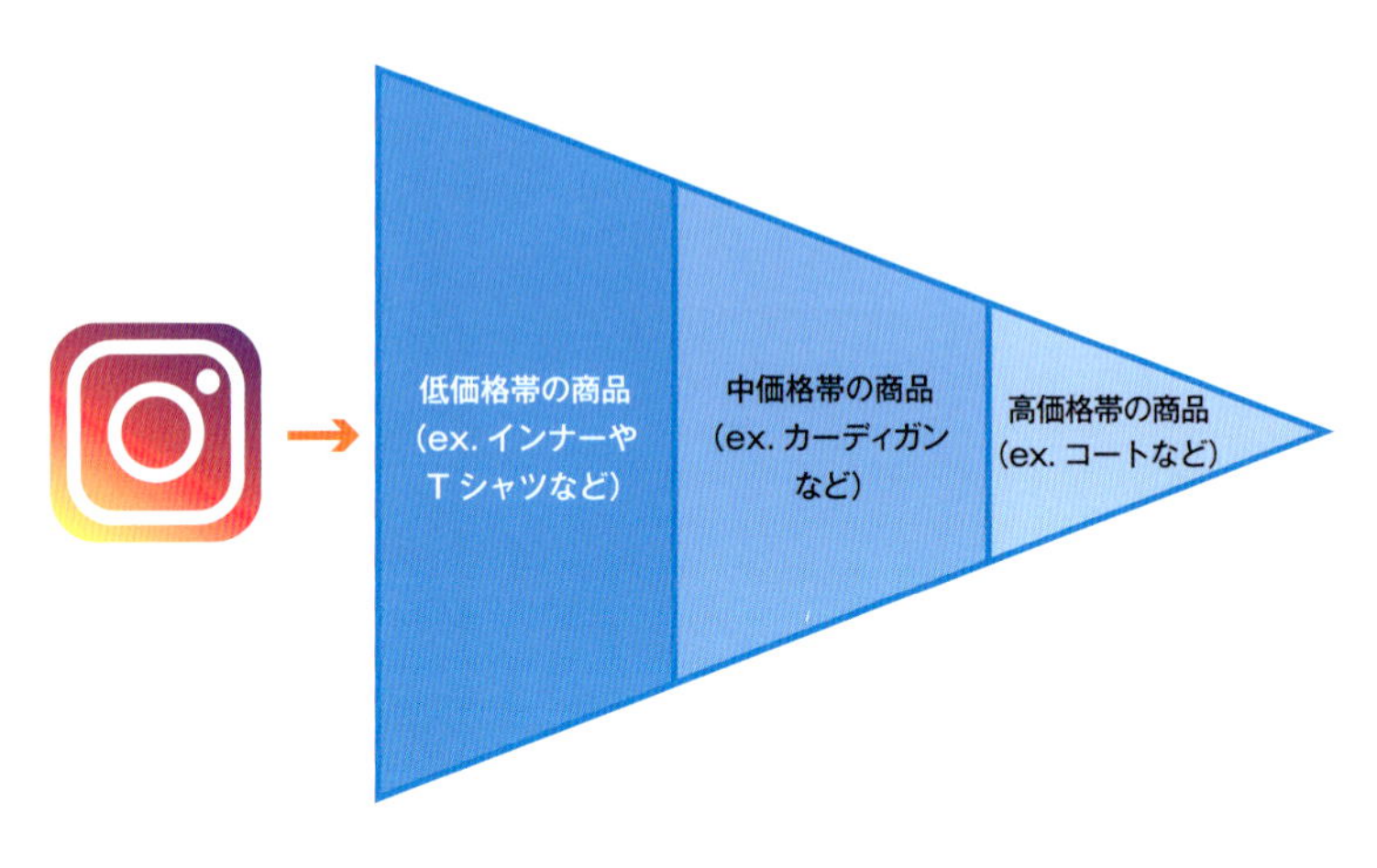

▲ アパレル業の場合

例えばアパレル業の場合、最終的にはコートなどの高単価な商品を販売したいとしても、まずはインナーやTシャツ等の比較的低単価な商品を買ってもらうことを優先させます。

もちろんそのコートのよさを投稿内で語って興味を持たせることは可能だとは思いますが、まずは低価格な商品で自社のこだわりや品質をリアルに感じてもらい、ファンになってもらうことから始めるのです。それができれば、コートを購入してもらえる確率が格段に上がってくると言えます。

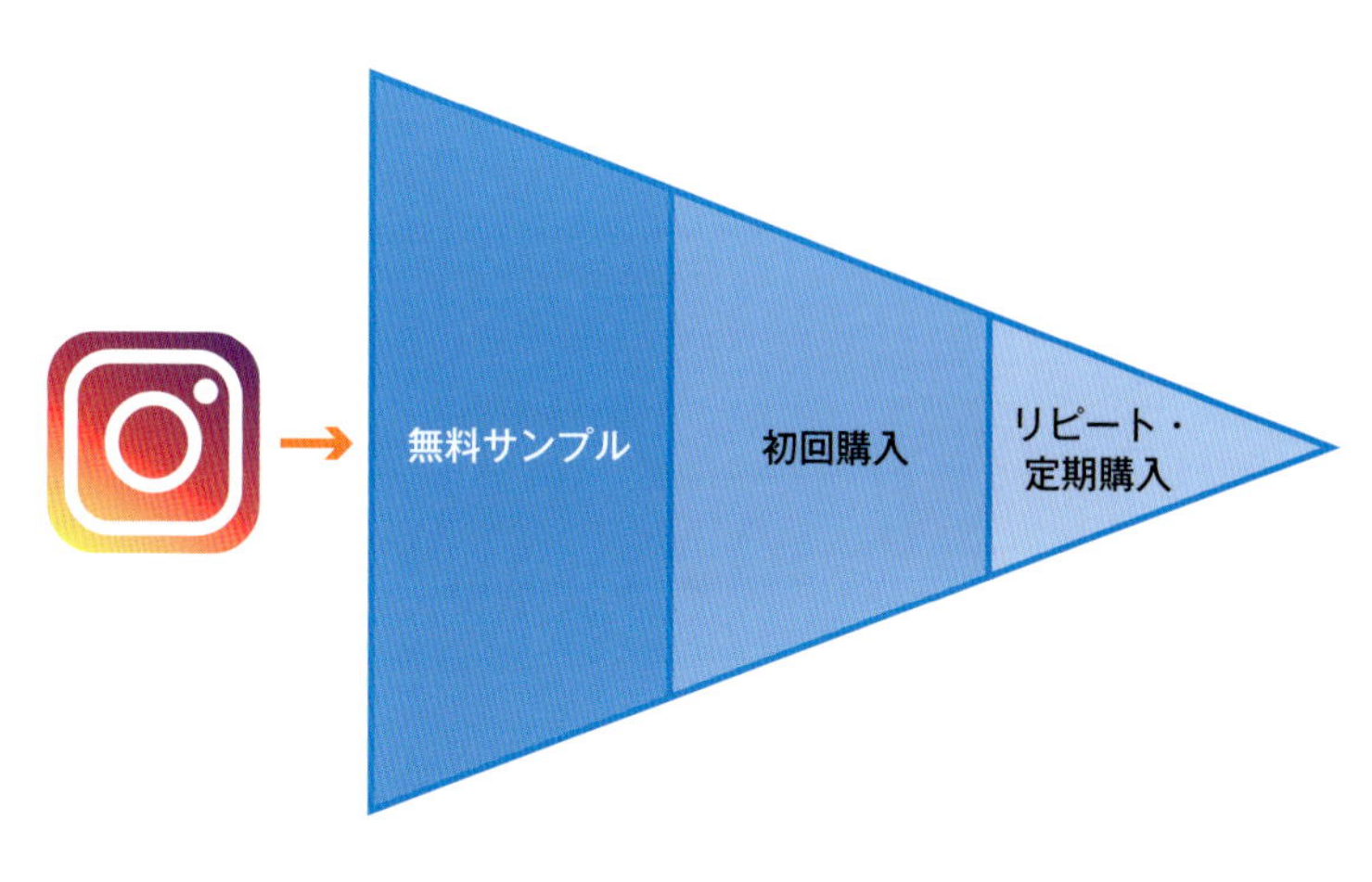

▲ サプリメントなどの通販の場合

またサプリメントなどの健康食品の通販の場合も、飲んだことのないユーザーに対して、いきなり3ヶ月分の定期購入の契約を取り付けることは難しいでしょう。この場合、3日分のサンプルを無料でプレゼントし、まずは初回の1ヶ月分の購入へと誘導します。そこから3ヶ月単位の定期購入契約を狙っていくべきです。

これらの例の場合、「インナーなどの低単価な商品」や「3日分の無料サンプル」が入口商品となり、Instagramではこの入口商品への誘導を念頭に置いて運用していくことになります。

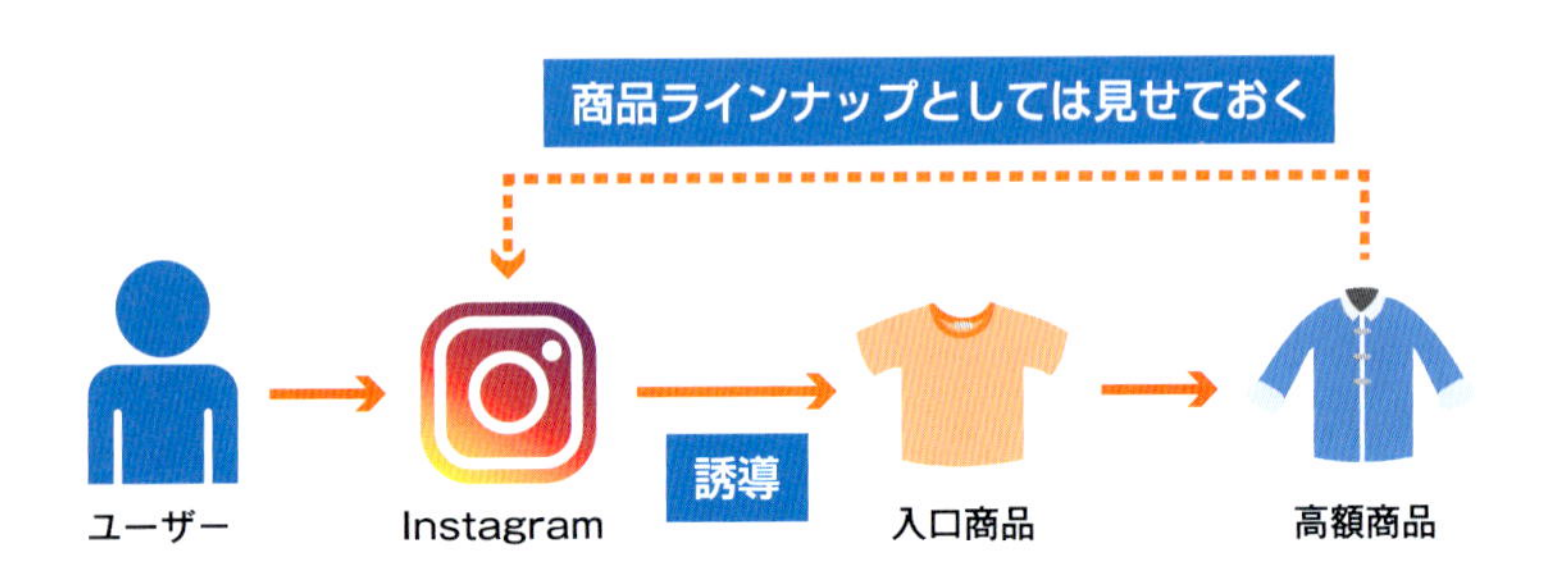

▲ Instagramでは入口商品への誘導を優先して考える

とはいえ、ここではあくまでも**「Instagramで買ってもらえる可能性の高い入口商品への誘導を主に考えよう」**という話をしているだけで、高額商品への案内をInstagram内で一切出してはいけないということではありません。

買ってもらえる確率は入口商品よりも下がるはずですが、商品ラインナップとして見せておくことは重要ですので、Instagramでは「売りたいもの」についても発信していってください。

08 「体験」を「共有」するための導線を作る

この節では、DECAXの最後のステップ「eXperience（体験と共有）」について解説します。

「体験と共有」は、入口商品をInstagram経由で購入することによって得た体験を、当のユーザーが自分以外の人との間で共有するフェーズと言えます。

「共有」のフェーズとしては、そのユーザーの周囲の現実世界で口コミが起きることは当然考えられることです。しかし、今はInstagramなどのSNSで、誰でも簡単に情報を発信できる時代です。むしろ、確認

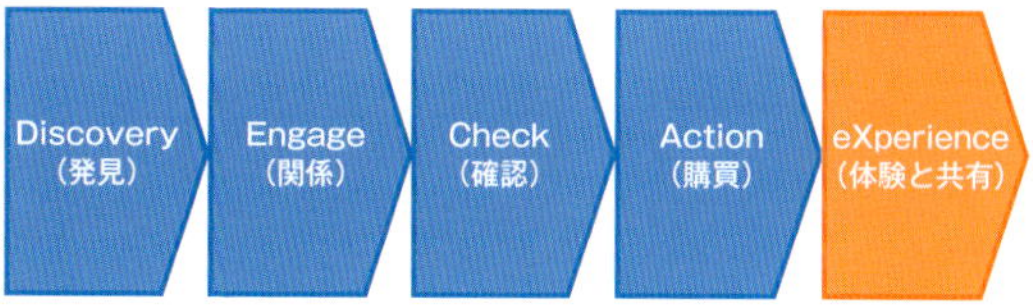

Discovery（発見） → Engage（関係） → Check（確認） → Action（購買） → eXperience（体験と共有）

▲ eXperience（体験と共有）

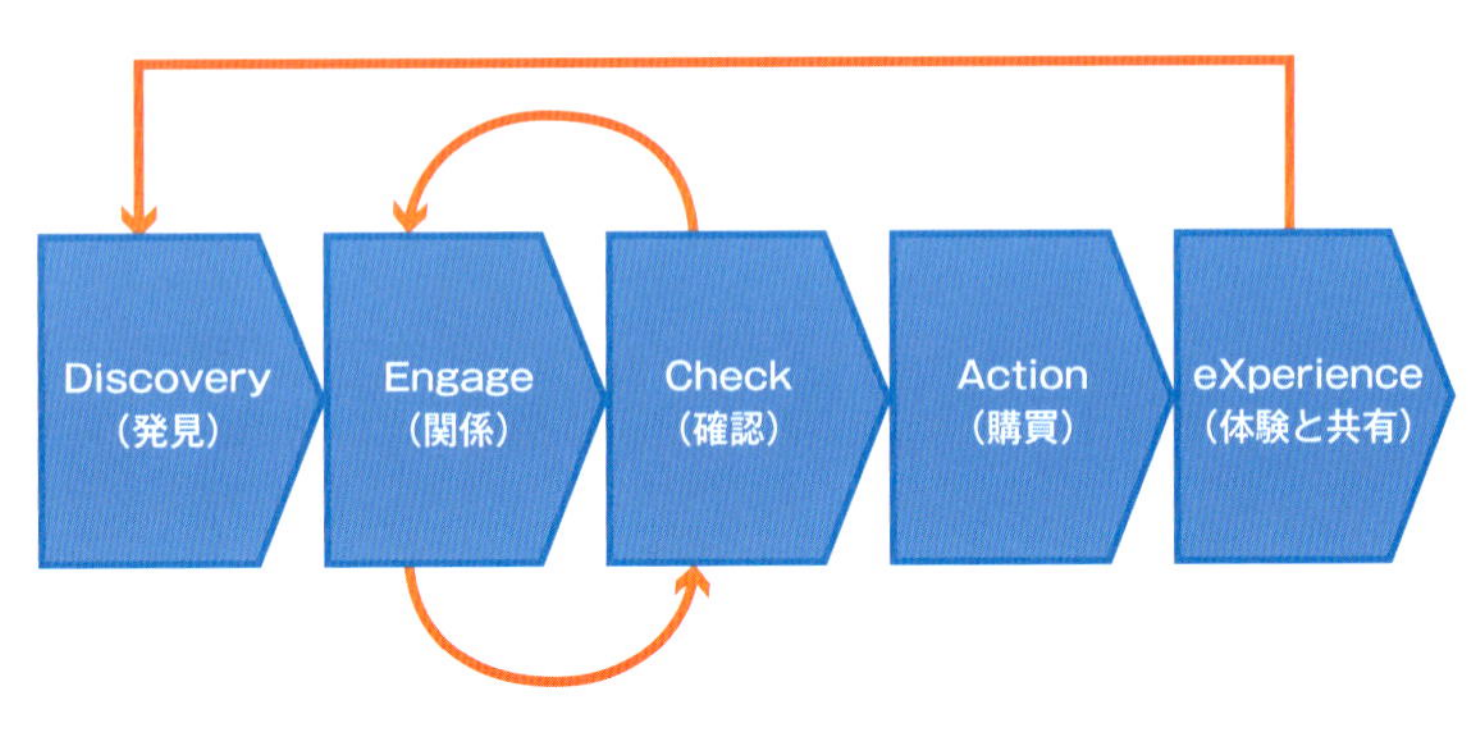

▲ DECAX の循環

（Check）の節でもお伝えしたように、Instagramキャンペーンの実施（P.108参照）など、**ユーザー自ら自社商品や自社について発信してもらえるように企業側から仕掛けていく**ことで、共有がスムーズに行われる状況を作り出すこともできます。その共有が、別のユーザーの発見につながり、また新しいDECAXが始まっていくのです。

DECAXの解説は以上となります。ビジネスの場では、このような思考法をベースにInstagramを運用していくことになります。Instagram時代の消費者の心理プロセスと行動について、日々の生活の中で、自分自身の心理プロセスや行動と照らし合わせてみてください。きっと当てはまっているはずです。

09 ハッシュタグと位置情報で「情報を拡散」させる

本章の最後に、次章以降で解説していくための前提知識として、ハッシュタグと位置情報について、お伝えしておきます。

Instagramは、そもそもFacebookの「シェア」やTwitterの「リツイート」のような拡散機能を持たないSNSです。自分や他のユーザーの通常投稿を自分のストーリーズに追加することはできますが、他のユーザーの通常投稿をそのまま自分のフィードにシェアする機能はなく、「リポスト」などの別アプリを使用しなければなりません。

Instagramで情報を拡散させるには、最終章で取り上げるInstagram広告の他、「#（半角シャープ）」をつけることで投稿をカテゴライズする「ハッシュタグ」や、投稿内容に関連する場所や今いる場所を投稿に付ける「位置情報（スポット）」機能を利用しないと、フォロワー以外のユーザーに広げていくことは困難です。

▲ ここからストーリーズへのシェアが可能

▲ ストーリーズで通常投稿をシェアした例

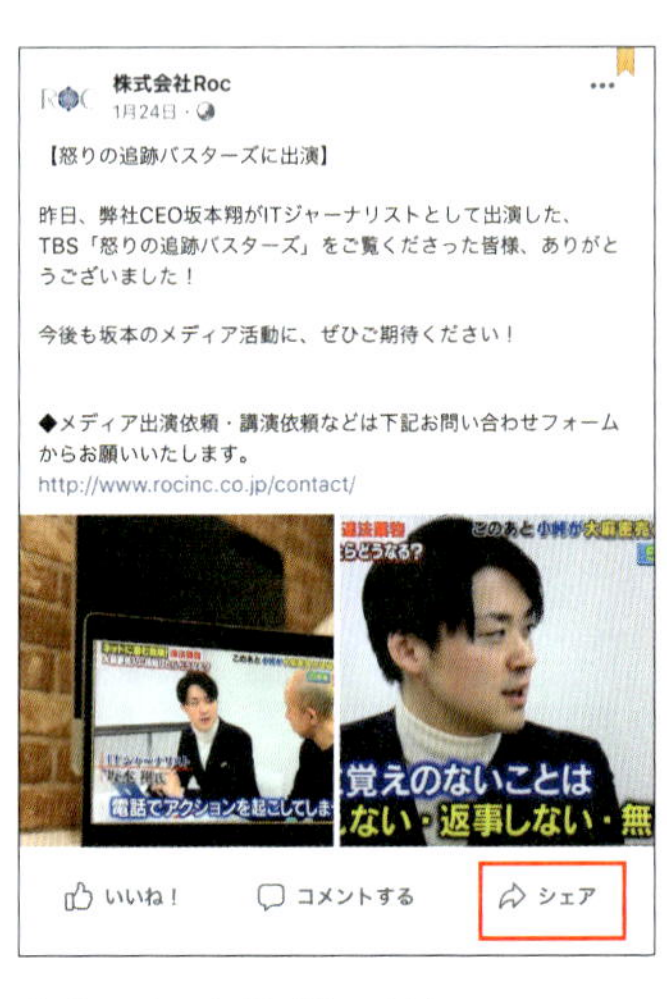

▲ Facebook の「シェア」

▲ Twitter の「リツイート」

特にInstagramの代名詞とも言えるハッシュタグは、投稿時には必ず付けてください。ハッシュタグは、1つの投稿につき、最大30個まで付けることができます。Instagramのフィードは、**ハッシュタグの数によって投稿の優劣を付けることはしないため、投稿内容に関連するハッシュタグであれば、上限の30個いっぱいまで付ける**ことをおすすめしています。ハッシュタグはInstagramの運用において非常に重要なので、またあらためて本書内でも詳しく解説します。

また、通常投稿でもストーリーズでも、位置情報をタップ、もしくはスポット検索を行い、その場所で投稿された情報一覧をチェックするのはよくあることです。特に観光地などでは、地図も表示されるため、この機能を利用するユーザーは多いです。自分の店舗の位置情報や、商品が置かれているお店の位置情報などは必ず付けて発信するようにしてください。ユーザーに発信してもらう場合にも、位置情報を付けてもらうように案内するとよいでしょう。

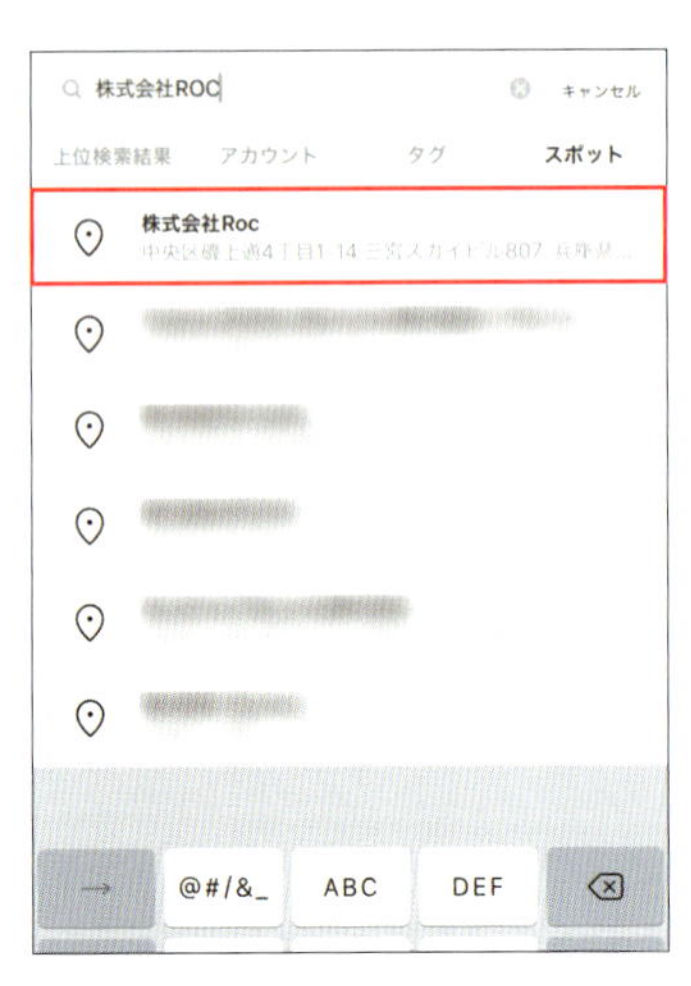

▲ 検索画面でスポット検索したときの画面

▲ 位置情報をタップしたときの一覧画面

いかがでしたでしょうか？　本章では、Instagramの基本的な機能の紹介、Instagramのメリットや活用するべき理由、Instagram時代の消費者の心理プロセスである「DECAX」の考え方など、大枠の思考法についてお伝えしてきました。

次章では、実際にInstagramを活用するにあたって必要な「準備」についてお伝えしていきます。

第2章

Instagramで ビジネスを変える「準備」をする

「ビジネス用アカウント」に変更する

前章では、Instagramでビジネスを行っていくための基本的な考え方についてお伝えしました。本章では、Instagramでビジネスを始める前に必要な準備についてお伝えしていきます。

まずは、**「名前」**と**「ユーザーネーム」**について解説します。これはプロフィールページに表示されるのはもちろん、投稿にいいねをしたり、ストーリーズを閲覧した際、その相手方や周囲には自分のアカウントが左ページの画像のように表示されるため、非常に目につく要素となります。

ユーザーネームについては、日本語は使えず、ローマ字のみになります。これを使ってユーザーが検索する場合も多いので、なるべくシンプルな、**誰でも検索しや**

すいものに設定しておくとよいでしょう。他のＳＮＳでのユーザーネームが浸透している場合は、それと同じユーザーネームにするのもおすすめです。

名前については、会社のアカウントなら会社名、ブランドのアカウントならブランド名というのが通常ですが、一般的にそれだけでは何のアカウントなのかわからないような場合、例えば「ＳＮＳのことなら株式会社ＲＯＣ」など、**簡潔に自身を表現できる言葉を付け加える**とよいでしょう。

▲ プロフィールページの名前とユーザーネーム

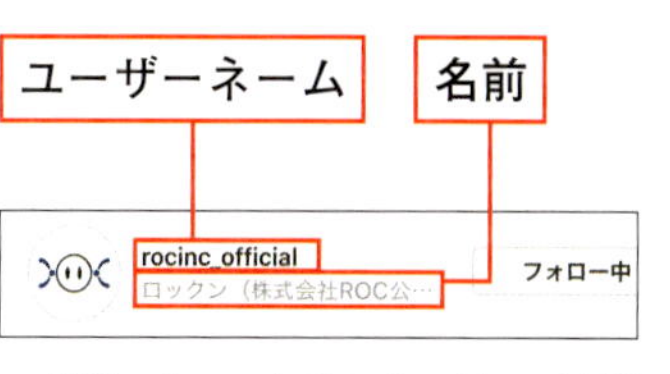

▲ 投稿へのいいねやストーリーズを閲覧した際の表示

次に、アカウントの種類についてです。Instagramには、**「個人用アカウント」**と**「ビジネスプロフィール」**があります。アカウントを作成した段階では、自動的に個人用アカウントになっているはずなので、ビジネスとして活用していく場合は、設定画面から**ビジネスプロフィールに切り替える必要があります**。

以前は、ビジネスプロフィールへの変更にFacebookページとの連携が必須でしたが、今はFacebookページがなくてもビジネスプロフィールに変更できるようになりました。ただし、先々に広告を打つことやショッピング機能を追加することとな

▲ 設定画面から、ビジネスプロフィールに切り替える（「個人用アカウントに切り替える」という表示になっている場合はすでに切り替え済み）

どを考えると、Facebookページはあった方がよいと言えます。Instagramアカウントをビジネスプロフィールにする際には、**事前にFacebookページを作成しておくことをおすすめします**。

アカウントをビジネスプロフィールに切り替えると、次のようなメリットがあります。

①広告を打つことができる
②インサイトを見ることができる
③電話・メール・道順等のアクションボタンをプロフィールページに設置できる

広告とは、Instagram広告のことで、本書の6章で詳しく解説を行います。

インサイトとは、自分のアカウントのフォロワーの性別、年齢、地域、アクセスしている時間帯など、Instagramをマーケティングに活用するために必要な情報を見ることができる機能です。こちらも後述するので（P.226参照）、ここでは名称のみ覚えておいてください。

電話などのアクションボタンをプロフィールページに設置できる点については、ユーザーからすると、「このお店を予約したい」「この会社に問い合わせたい」と思ったときに、これがあることで、すぐにアクションを起こすことができます。便利な機能なので、必ず活用すべきです。

▲「電話する」ボタンをタップするだけですぐに電話をかけられる
@taiyodo_kampo
© 漢方薬局 太陽堂

反対に、ビジネスプロフィールに切り替えるとできなくなることとして、非公開アカウントでの使用ができなくなるということがあります。そのため、ビジネスプロフィールに切り替えると、必ず誰でも見ることができる公開アカウントで運用することになります。なお、個人用アカウントへ戻したくなった場合は、先の設定画面から簡単に戻すことができます。

Facebook社によると、**80％のInstagramユーザーが、ビジネスアカウントをフォローしている**というデータも公表されています。「ビジネスアカウントだから」という理由でフォローを避けるユーザーは少なく、Instagramの世界観に合った投稿でプロフィールページを構築できていれば、企業名やブランド名のアカウントでも、好意的に受け取ってもらえます。便利なビジネスプロフィールは、必ず活用していきましょう。

02 アカウントの「ターゲット」を明確にする

Instagramを使ったビジネスにおいて、「ビジネスの対象＝ターゲット」を明確にすることは必須です。ユーザーが自分のアカウントに訪問してくれたとき、「このアカウントは自分のために発信してくれているな」と思ってもらえなければ、フォローには至りません。そのためには、対象を絞り込んで、その相手（ターゲット）のために投稿をする必要があるのです。

よく、いろいろな写真を投稿してしまい、誰に何を伝えたいのかわからないアカウントを見かけます。1つのアカウントに複数のターゲットに対する内容を詰め込みすぎるのは、Instagramの世界においてはよいことではありません。

もし商品やサービスのターゲットが複数に分かれるような場合は、**ターゲットごとにアカウントを分けて運用する方がよい**場合もあります。現在のInstagramで

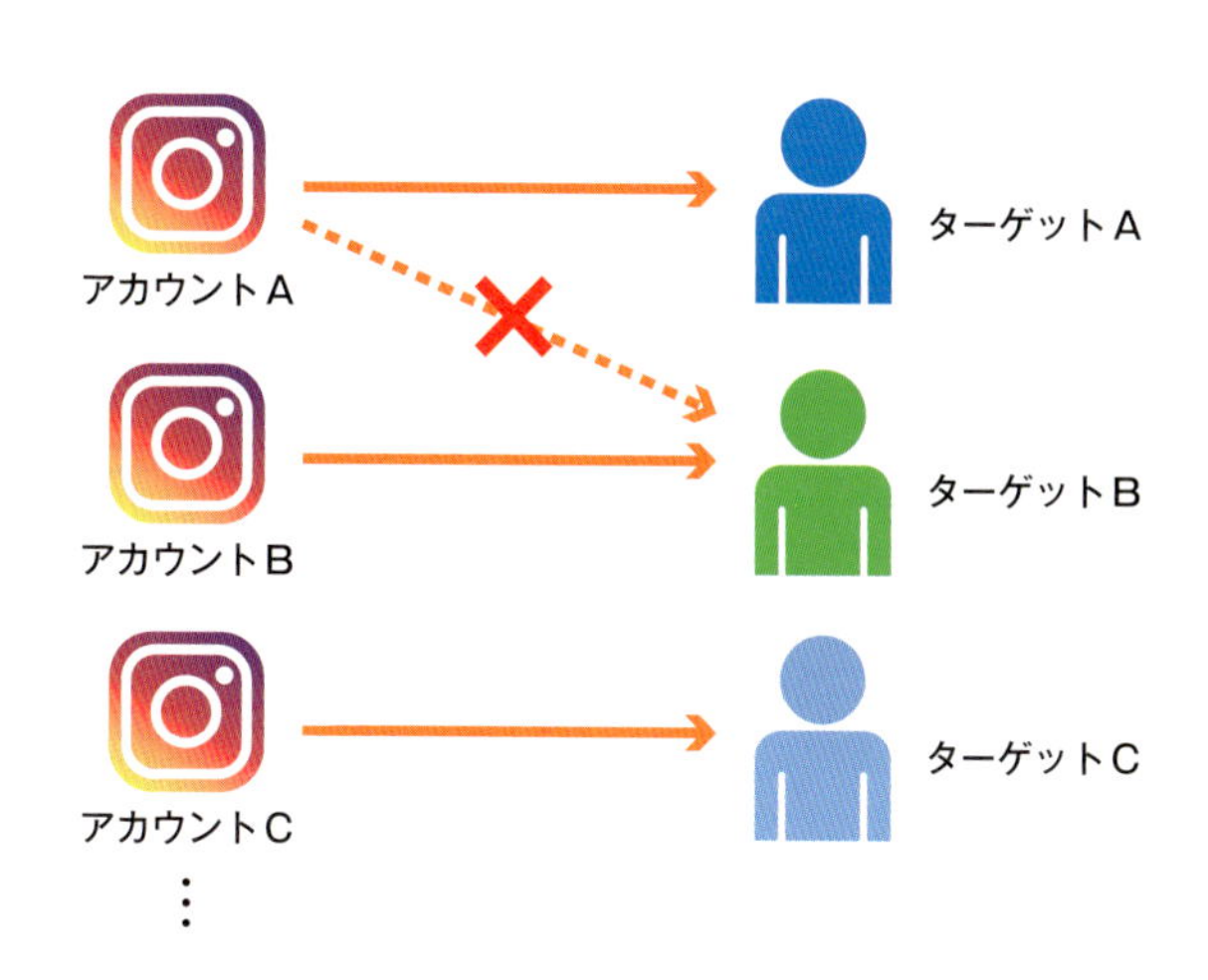

▲ターゲットごとにアカウントを分ける

は、ひとつのアプリで5つまで同時にログインできるので、複数アカウントを持っていても簡単に切り替えが可能です。**1つのアカウントでは、1つのターゲットに絞り込んで投稿する**という意識を持って運用してください。

それではここで、実際にターゲットの設定を行ってみましょう。

ターゲットを設定する際は、最初に**「理想とする顧客のイメージ」**を思い浮かべてください。過去に「こんなお客様がたくさん来てくれたらいいな」「こんなお客様に買っていただけたらいいな」と思った経験がある方は、そのお客様でもよいでしょう。そのようなお客様が思い浮かばない方は、「これから出会いたいお客様」をイメージしてみてください。

ターゲットとして具体的に設定するべき項目としては、次のようなものがあります。

- 年齢
- 性別
- 出身地
- 居住地
- 家族構成
- 職業や役職
- 収入
- 起床時間や就寝時間
- 食事の時間
- 勤務時間や曜日
- 通勤方法
- インターネット環境　など

このような項目に加えて、自社と接触してから商品を購入してもらい、顧客化するまでの理想的なストーリーを書き出しておくことも有効です。

ターゲットのイメージを具体的に持てていると、Instagramでの投稿や広告出稿の際に、ブレない運用を行うことができます。例えば10代女性がターゲットの場合と、40代女性がターゲットの場合とでは、当然、写真の雰囲気や、文章の表現が変わってきます。例えば絵文字を入れるか入れないかについても、**自分の好みや気分で判断するのではなく、ここで設定したターゲット像がどう感じるのかを基準として判断する**ようにしましょう。

作成したターゲット像に、仮の名前を付けることもおすすめです。ターゲットを1人の実在する人として認識できると、投稿の際にその人物を思い浮かべながら写真を選んだり、文章を書くことができます。よりそのターゲットに響くInstagram運用ができるはずです。

ここであげた項目は、あくまで一例です。より多くの項目を設定できる場合は、ぜひ細かく設定してみてください。

03

「見本アカウント」を選んでアカウントのテーマを決める

続いての準備は、参考にする見本アカウントを選ぶということです。

Instagramは他のSNSとは異なり、過去に投稿した写真（複数の写真を投稿した場合は1枚目の写真）や動画のカバー画像が、プロフィールページに一覧で表示されるようになっています。そのため、**Instagramアカウントのプロフィールページは、その企業のカタログとも言える存在**となっているのです。

そのプロフィールページ全体の印象によって、そのアカウントの世界観が決まるため、一覧を構成する1枚目の写真や動画のカバー画像は、Instagramにとって命であるとも言えます。ユーザーは、そのプロフィールページの世界観や雰囲気で、フォローするかしないかを決めているからです。

プロフィールページの世界観が統一されているアカウントは、写真の質もよく、文章やハッシュタグもこだわって運用されていることがほとんどです。そのため、プロフィールページを見て、「こんな世界観を自社でも表現したい」「こんな雰囲気が自社の商品に合っている」と思えるInstagramアカウントを、見本として**3つ探してピックアップ**してください。

ここで、著者の私自身が、プロフィールページの世界観が統一されていて素晴らしいと思うアカウントを、参考にいくつかご紹介します。実際にInstagram内でアカウントを検索してご覧になってください。もちろんこれは、私が例として選んだアカウントです。皆さんの商品やサービスに合わせて、適切なアカウントを選ぶ必要があります。

美容

@botanist_official

おなじみのシャンプー＆トリートメントなどを販売するブランド「BOTANIST」さんのアカウントです。商品名の通り、ボタニカルな世界観がInstagramアカウントでも表現されています。

▲ ©BOTANIST

@album_hair

東京に展開する美容室「ALBUM HAIR」さんのアカウントです。日々ヘアスタイリングに悩む女性に向けて、ヘアスタイリングの方法を動画や画像で情報提供しています。

▲ @ONIKAM

飲食

@pablo_cheese_tart

チーズタルト専門店「PABLO」さんのアカウントです。商品撮影時に、その商品の世界観を表現する小物類も活用し、1つ1つの写真にこだわりが感じられます。

▲ ©DOROQUIA HOLATHETA

@sandayahonten

能舞台のあるレストランを有する「三田屋本店―やすらぎの郷―」さんのアカウントです。料理の写真と、それ以外のイベントなどの写真を交互に出すことで、独自の世界観を表現しています。

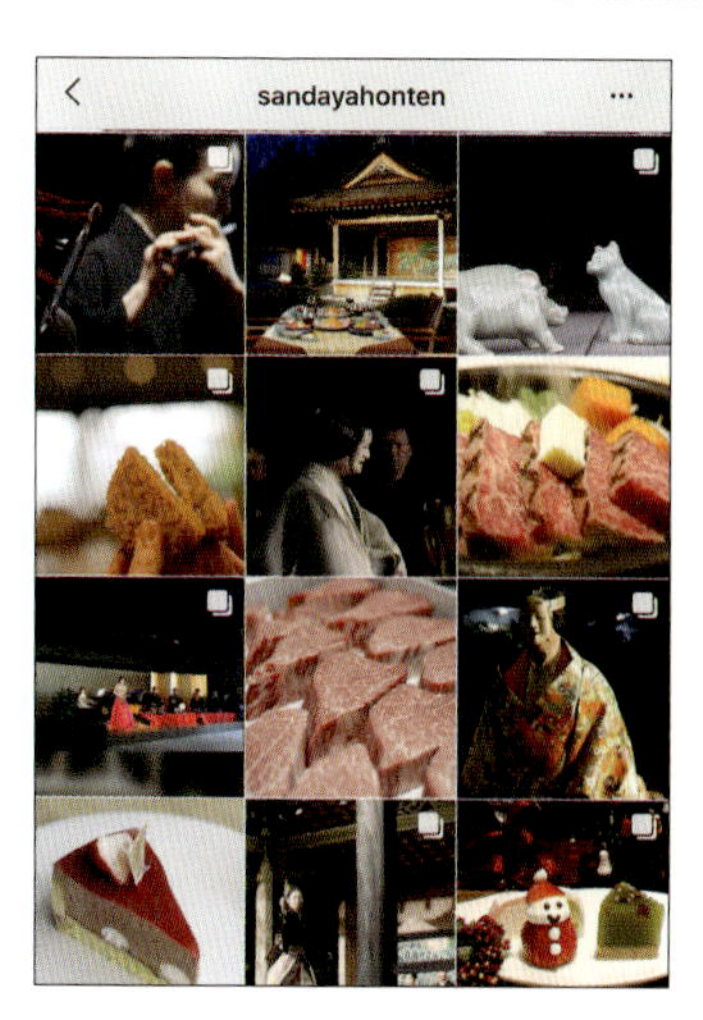

▲ ©Sandaya Honten

@raylily_closet

モデルとして活躍する門脇伶奈さんがデザイナーを務めるファッションブランド「Raylily」さんのアカウントです。淡い色でまとめられており、この明確な世界観に共鳴する女性たちがフォロワーになっています。

▲ ©Raylily

@tabio.jp

靴下専門店「Tabio」さんのアカウントです。Instagramの3列表示を活かし、必ず3つ単位（3の倍数）で投稿がされています。写真に必ず商品が登場するため、まさにInstagramがカタログになっている事例です。

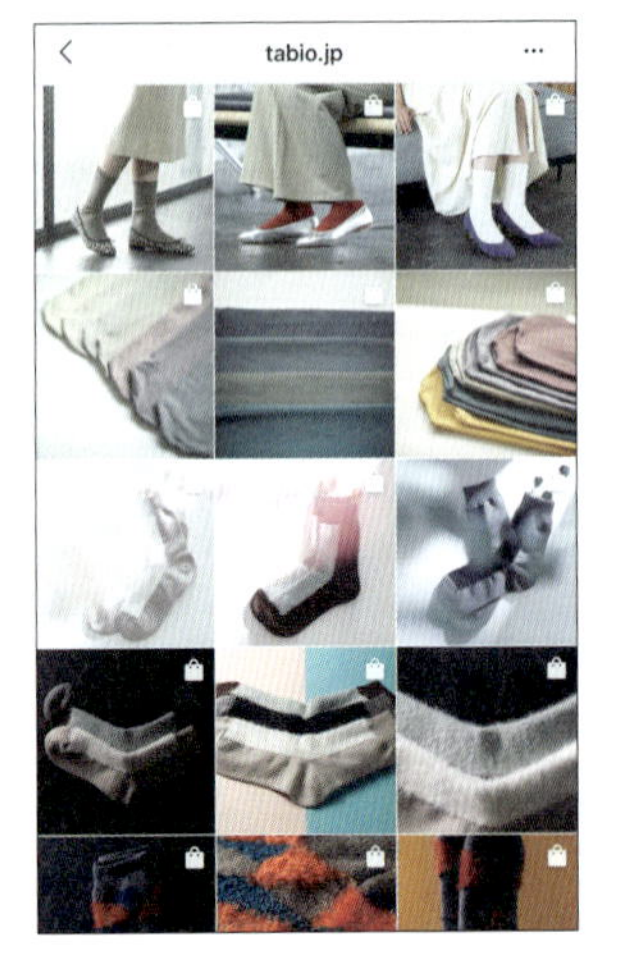

▲ ©Tabio

不動産・施設

@yamahiro_harima

しそう杉を使った家づくりをされている工務店「株式会社山弘」さんのアカウントです。施工事例が、クオリティの高い写真で投稿されており、カタログ化がうまく成功している事例です。

▲ ©Yamahiro

採用

@aria_1949

神戸に本社を構える「株式会社アーリア」さんのアカウントです。アカウントの目的を新卒採用に特化し、主に大学生に向けて、社内で働く仲間の様子が日々投稿されています。

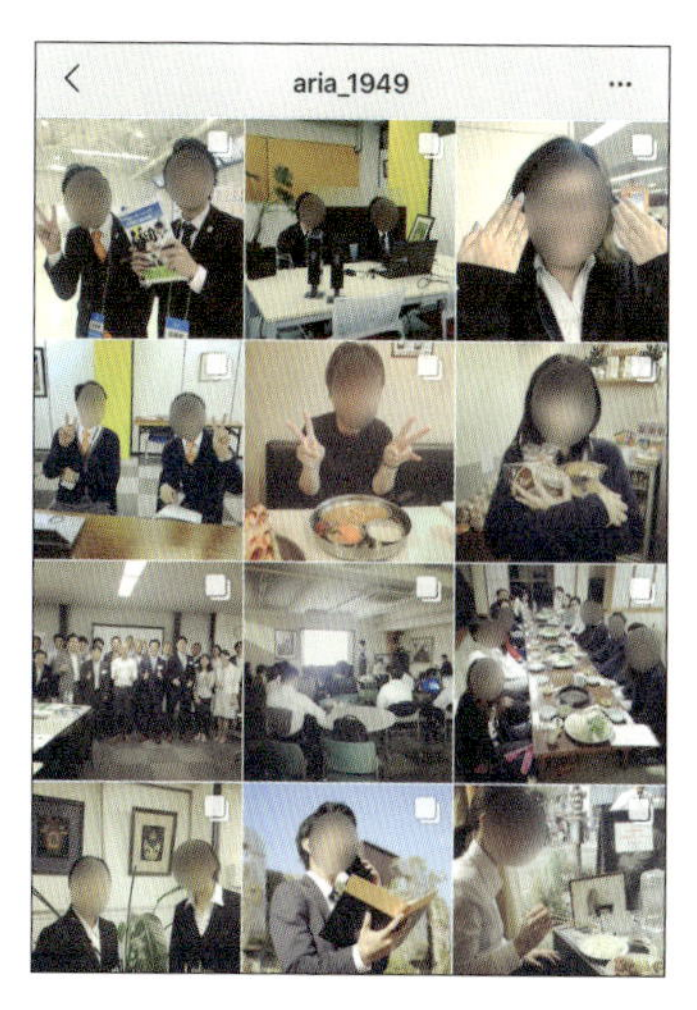

▲ @Aria

いかがでしたでしょうか？　ここでご紹介したアカウントに限らずご自身の商品やサービスの世界観に合った雰囲気を持つアカウントを見つけ、その世界観・雰囲気に近づくように、自分のプロフィールページを作っていくという考え方は、非常に重要です。

アカウントのターゲットと、見本とするアカウントが定まったら、「自分のアカウントは誰に向けてどういうコンテンツを発信するのか」というテーマが見えてくるはずです。そのテーマが、アカウントの世界観を統一していくための基準になってきます。アカウントの世界観の統一については、5章でもさらに詳しく解説していきます。

04 プロフィール文は「共感」と「最新情報」がポイントになる

次に、プロフィールの文章を準備しましょう。

そもそも、Instagramをはじめとする SNS は、それ自体が**「共感」によってつながっていくツール**です。「店舗が自分の家の近くだ」「自分と趣味が合う世界観だ」「自分と同じ年齢だ」など、**共感できるポイントが多いほど、フォローしてもらえる可能性も上がってきます**。

Instagramのプロフィールページは、フォローする際に必ず通る場所なので、そこに表示される写真や文章は、「共感」という観点でとても重要です。前節は主に写真の話でしたが、プロフィールページに表示される自己紹介文も、同じくらい重要であると言えます。

プロフィールの自己紹介欄に入れるべき具体的な事項としては、次のようなものがあります。

・拠点にしている地域や、会社やお店がある住所
・誰に何を提供している会社やお店なのか
・どんな人に何を伝えているアカウントなのか
・今プッシュしたい最新の情報（キャンペーンやイベントなど）
・ユーザーの投稿時に付けてほしいハッシュタグ

など

ただし、Instagramのプロフィールに入れられる文字数は150文字までです。

そのため、右記の項目の中から、優先順位をつけてプロフィール文章を作ることになります。例えば前節でご紹介したアカウントでは、このような自己紹介欄になっています。

@botanist_official

プロフィールの文中に、「ボタニストの商品を投稿するときはこのハッシュタグを使ってくださいね」という意味も込めたハッシュタグ（「#BOTANIST」など）が使われています。また、直近のプロジェクトの案内も入っています。

botanist_official
403 投稿　4.6万 フォロワー　11 フォロー中
メッセージ
BOTANIST（ボタニスト）
健康・美容
植物と共に生きる毎日へ。ボタニカルライフスタイルブランド #BOTANIST の公式アカウントです。2019.3.13 新プロジェクト解禁 #ボタニストは次のステージへ 詳細はURL
bit.ly/2TC129g
神宮前6丁目29-2助川ビル, Shibuya, Tokyo

▲ ©BOTANIST

@raylily_closet

「全身1万円以下で」という文言で、価格に共感する層をターゲットにしています。ハッシュタグを指定して、コーディネイトを募集する文言もあります。直近のメディア掲載情報も明記しています。

▲ ©Raylily

@album_hair

美容師に興味のある学生に向けて、新卒募集の案内を掲載しています。タイムリーな、今お知らせしたい情報のみによってプロフィール文を埋めるのも効果的です。

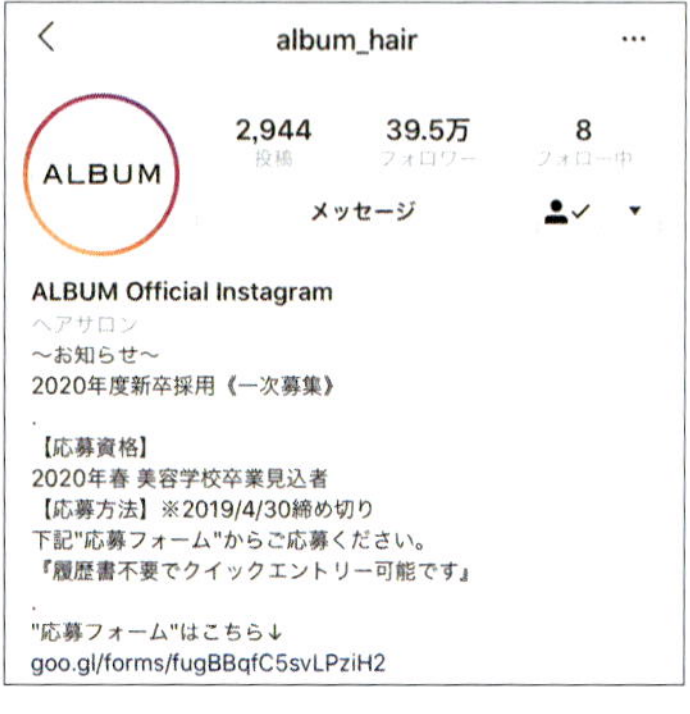
album_hair

2,944 投稿
39.5万 フォロワー
8 フォロー中

メッセージ

ALBUM Official Instagram
ヘアサロン
〜お知らせ〜
2020年度新卒採用《一次募集》
.
【応募資格】
2020年春 美容学校卒業見込者
【応募方法】※2019/4/30締め切り
下記"応募フォーム"からご応募ください。
『履歴書不要でクイックエントリー可能です』
.
"応募フォーム"はこちら↓
goo.gl/forms/fugBBqfC5svLPziH2

▲ ©ONIKAM

このプロフィール文は、いつでも変更することができます。常に同じである必要はなく、季節や販促時期などに合わせて、その折々に伝えたい、新鮮な情報に変更していくとよいでしょう。

05 プロフィールには「入口商品のURL」を記載する

Instagramのプロフィールページには、URLを設定して、外部サイトにリンクを張ることができます。

Facebookなど他のSNSとは異なり、原則として、Instagramの通常投稿やストーリーズ投稿では、URLを掲載してもリンク化しません。ショッピング機能（P.156参照）を使って外部の購入ページにリンクさせる場合や、Instagram広告をかける場合を除いて、通常の投稿で外部サイトにリンクを飛ばすことはできないのです。そのため、直接リンクが可能なURLを貼ることができるプロフィールページは、とても重要です。

なお、ストーリーズでは、認証アカウントやフォロワー数が1万人を超えるなどの条件を満たすことで、上にスワイプすることで外部サイトへリンクさせることができます。

では、その唯一設定できるURLとして何を設定すればよいのでしょうか。例として次のようなURLが考えられます。

・入口商品である低価格の商品を購入できるページのURL
・無料サンプルを請求できるURL
・入口商品も兼ねたイベントの案内ページに誘導するURL

つまり、**入口商品に誘導するためのURLが適切**と言えます。前述のように、Instagramでは入口商品に誘導することが目的なので、自分のアカウントに興味を持ったユーザーがそこまでスムーズに進むことができるURLを設定しておくのがベストということです。

また、Instagramの次のステップとなるツールに誘導することもおすすめです。

次のステップとなるツールとは、追客やリピートに誘導することを得意とする「LINE公式アカウント」や、自社の「公式アプリ」です。これらをお持ちの方は、プロフィールページのURLにそれを設定するのもよいでしょう。

見込み客のユーザーの立場に立ち、Instagramからの導線を常に意識してURLを設定するようにしましょう。

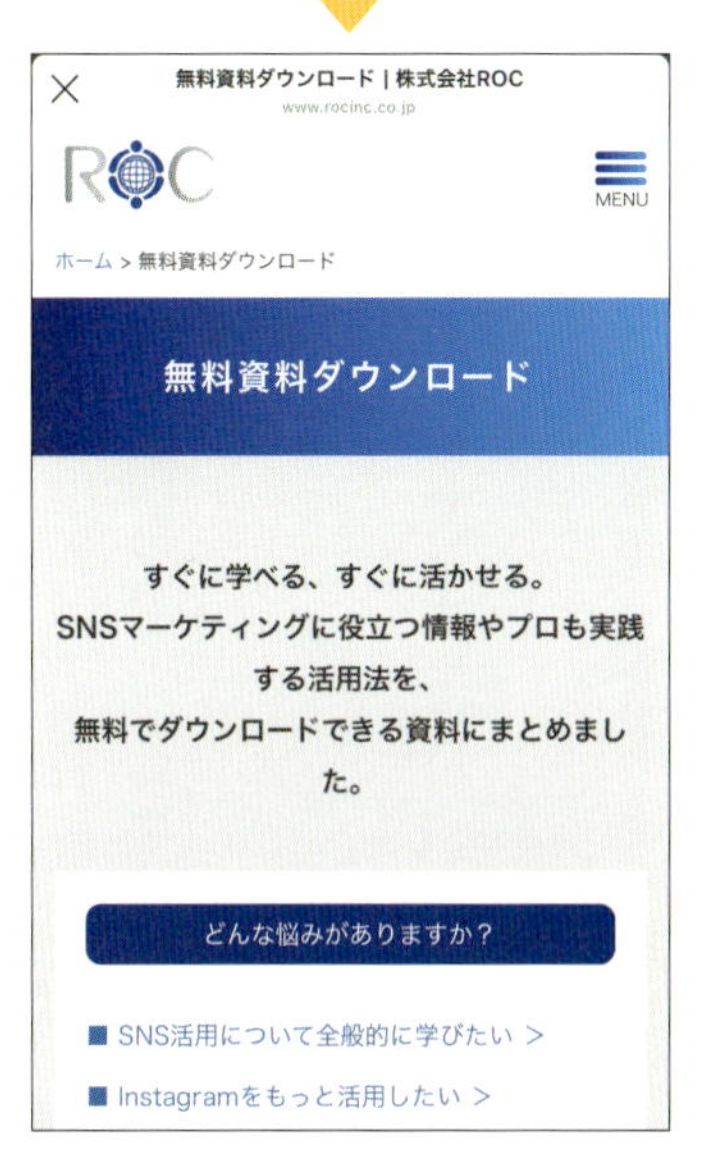

▲株式会社ROCの入口商品のひとつである無料の資料ダウンロードページにリンク

「ハイライト」は1冊の雑誌として考える

プロフィールページの話が続いているので、ここで「ハイライト」についてもお伝えしておきます。

ハイライトとは、本来24時間で消えるはずのストーリーズを、**プロフィールページに常時表示させておくことのできる機能**です。ハイライトを使えば、24時間以上たってもユーザーに見てほしいストーリーズの投稿を、プロフィールページの目立つ場所に残しておくことができます。

次に、ハイライトを活用した事例をいくつかご紹介します。

最初に、どんなアカウントでも実践できる例をご紹介します。キャンペーンやセールなどの最新情報をニュースとしてまとめたり、商品ラインナップをまとめたりといった形でハイライトを活用している例です。実際の内容はこちらのアカウントを検索して、直接ご確認ください。

@botanist_official

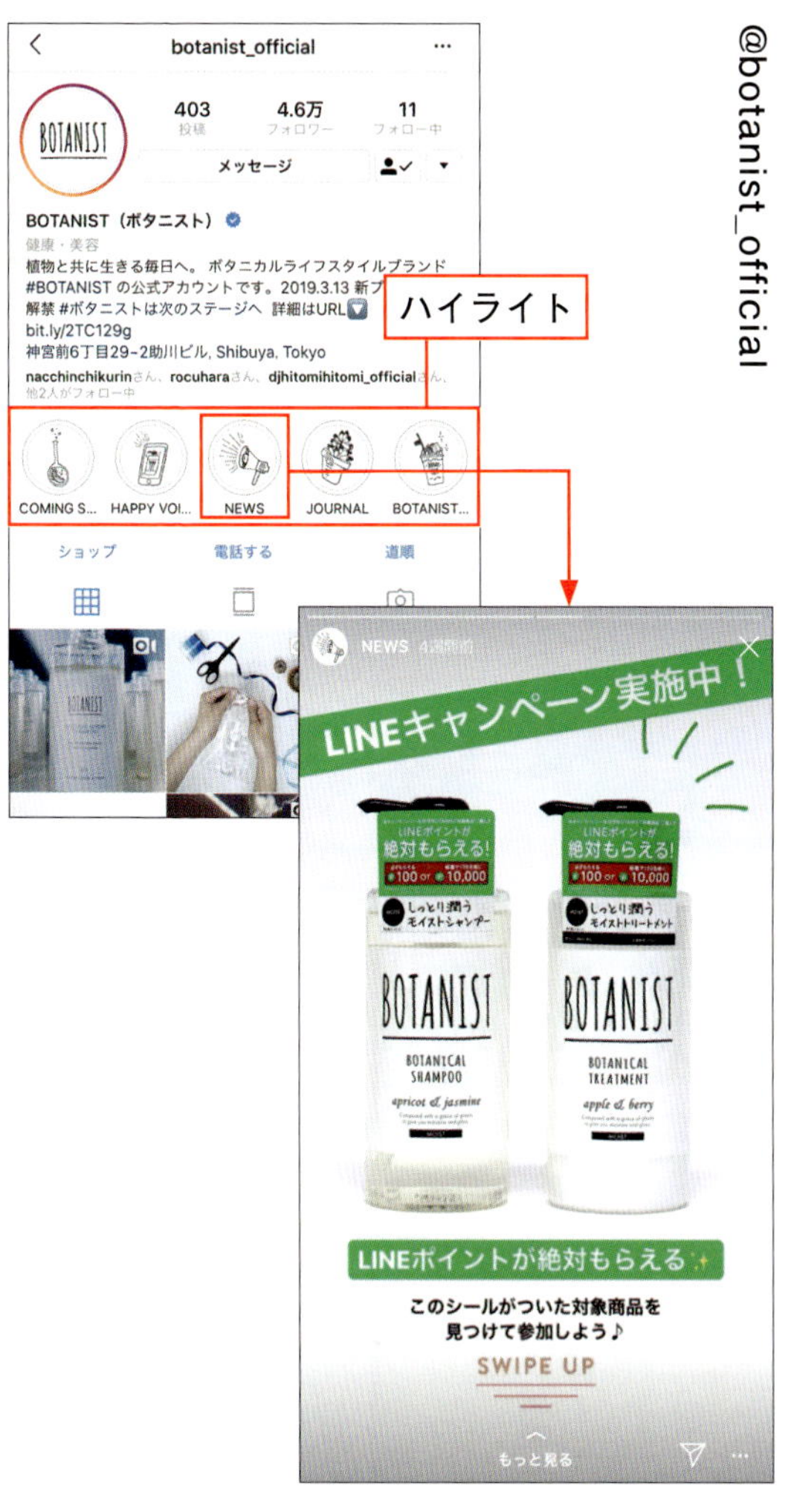

▲ハイライトをタップすると、ハイライトとしてまとめた過去のストーリーズを見ることができる
©BOTANIST

次に、飲食店の例です。通常投稿では食事の写真を中心に投稿しているのに対し、ハイライトでは定期的に開催されるイベントである能や狂言についてまとめています。それによってプロフィールページの中の情報にメリハリをつけることができ、わかりやすい作りのアカウントになっています。

@sandayahonten

▲ ©Sandaya Honten

最後に、私個人のアカウントの例をご紹介します。通常投稿では、経営する「株式会社ＲＯＣ」のクライアント様や取引先様を対象に、近況報告やお知らせなどを行っています。それに対してハイライトでは、メディア出演時のストーリーズを番組名や雑誌名ごとに並べています。このようにメディア露出の履歴などを、ハイライトを使ってまとめていくのも、ハイライトの有効な活用方法です。

@genxsho

その他にも、過去のストーリーズをジャンルやテーマごとに分けるなど、ハイライトには様々な活用方法があります。ハイライトそれぞれを1冊の雑誌や本のように考えて、ストーリーズをまとめていくとよいかもしれません。

近年、ストーリーズも通常投稿と同じくらい重要なものになってきています。**ストーリーズをハイライトにまとめることを念頭に置いて配信する視点も必要**です。ぜひ、自社アカウントに合う方法を見つけてみてください。

07 プロフィール画像は「色合い」や「雰囲気」で判別してもらう

本章の最後に、プロフィール画像についてお伝えします。Instagramは、Facebookのように、本名や店名がフィード上に日本語で直接表示されるわけではありません。アカウント作成時に設定するローマ字のアカウント名（ユーザーネーム）が、

▲ Facebookの場合

▲ Instagramの場合

投稿時のフィードに表示される仕組みになっています。

ユーザーが、何かを探す目的があってInstagramを開く場合は、フィードではなく検索画面で検索を行うことになります。そのためInstagramユーザーがフィードを見るときというのは、特に目的もなく、暇つぶしも兼ねて流して見る場合が多いと言えます。ということは、**フィード上でこの投稿を読むか読まないかを判断するのは一瞬**であるということになります。

この一瞬で自分の投稿に目を止めてもらうには、写真や文章の質や内容にこだわることはもちろんのこと、「いつも投稿を楽しみにしているあのアカウントだ」「いつも行っているあのお店の投稿だ」「Facebookでもフォローしているあの企業だ」といったように、**どのアカウントによる投稿なのかが瞬時にわかるようにしておく**必要があります。そこで役に立つのが、プロフィール画像です。

Instagramを含めたＳＮＳのプロフィール画像は、フィード上で表示される面積が小さく、ロゴや顔の細かい部分まではわかりません。

そのためユーザーは、プロフィール画像の細かい情報ではなく、画像の色合いや、醸し出す雰囲気によって、誰のアカウントなのかを判別しているのです。そのため、**プロフィール画像には多くの情報を盛り込むのではなく、わかりやすいテーマカラーや、ワンポイントでそれとわかる要素を入れ込むことが重要**です。ここでは、具体的な事例を少しだけご紹介します。

C CHANNEL

全ての関連アカウントに、「C CHANNEL」のコーポレートカラーであるイエローが入っています。意識せずフィードを流し見していても、一瞬で「C CHANNELのアカウントだ」と色だけで伝わるようになっています。

▲ @C CHANNELの検索結果画面

●**BOTANIST**

商品ラベルのシンプルかつ特徴的なロゴを、そのままInstagramのプロフィール画像にも使用しています。現実世界の商品ラベルとSNSのプロフィール画像を合わせることで、瞬時に判別可能で、かつ統一された世界観を表現しています。

▲BOTANISTの検索結果画面

なお、このプロフィール画像は、なるべく変更しないようにしてください。前述のように、ユーザーはプロフィール画像の印象によって、アカウントを認識しています。**プロフィール画像でユーザーに認知されるようになるには、継続的に使**

用し続けることが重要です。プロフィール画像を変更してしまうと、せっかく認識されていたアカウントの存在が更新されてしまうことにもなりかねません。

前述の色合いのルールを守っているのであれば、プロフィール画像を顔写真にすることも問題ありません。法人やお店のアカウントならロゴ画像にするべきかと思いますが、ビジネス目的でも法人の代表者個人のアカウントやその人自体が商品となる場合などは、プロフィール写真が顔写真になると思います。

また、Instagramのプロフィール画像は、Facebook、Twitter、LINE公式アカウントなど、**他のSNSと同じ画像に設定**してください。他のSNSアカウントと同じにしておくと、それらのSNSで既にフォローされているユーザーにとって、検索されたときにもわかりやすく、フォローをしてもらえるきっかけにもなります。

本章では、Instagramをビジネス活用するにあたっての準備についてお伝えしてきました。本章でお伝えした準備をしっかり整えた上で、次の章へ進んでいってください。

第3章

Instagramで「見込み客」を集める方法

01 「見込み客＝フォロワー」を集める4つの方法

前章では、Instagramをビジネスに活用するための、前段階の準備についてお伝えしました。本章では、ターゲットとなる「見込み客」を集める方法についてお伝えしていきます。

ここで言う「見込み客」とは、Instagramにおける「フォロワー」のことです。前述の通り、Instagramは入口商品に誘導するためのツールです。そのため、すでに自社の商品やサービスを購入してくれた「既存の顧客」ではなく、**主に、まだ自社の商品やサービスを購入する前の「見込み客」を、「フォロワー」として集めていく**ことになります。

もちろんすでにフォロワーになっている既存の顧客に対しても、継続的に投稿を

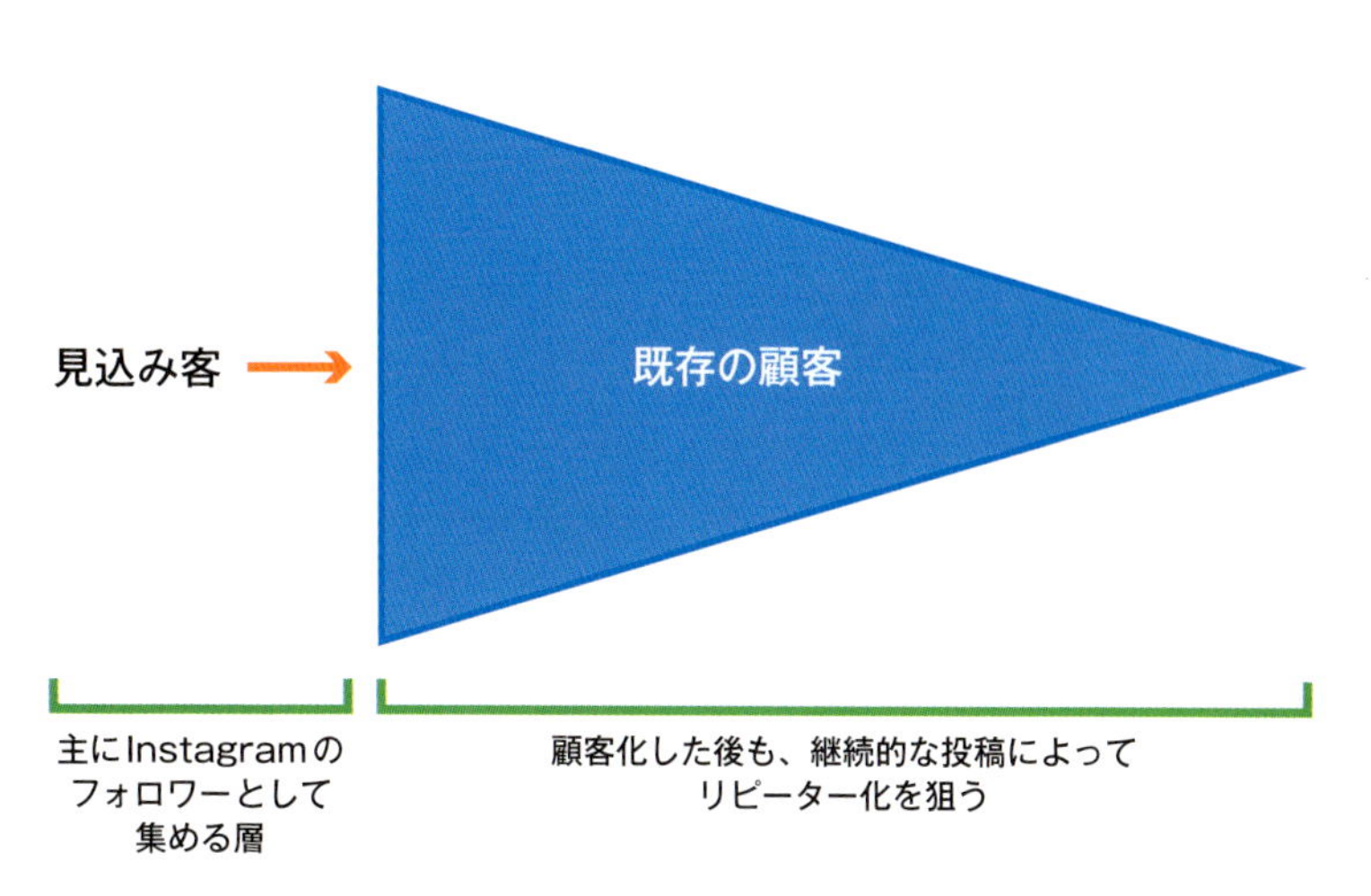
見込み客
既存の顧客
主にInstagramの
フォロワーとして
集める層
顧客化した後も、継続的な投稿によって
リピーター化を狙う

▲ 見込み客と既存の顧客に対するInstagramの効果

届けることができるため、リマインド効果があります。それにより、顧客の記憶に残り続けることができ、ニーズ発生の度にリピートしてもらえる仕組みを作ることができます。

見込み客や既存の顧客の中のニーズが顕在化したタイミングで、一番に思い浮かぶお店や企業が勝つ（選ばれる）。これがInstagramにおける集客の本質なのです。

「見込み客」、すなわち「フォロワー」を増やす方法としては、大きく分けて次の4種類があります。

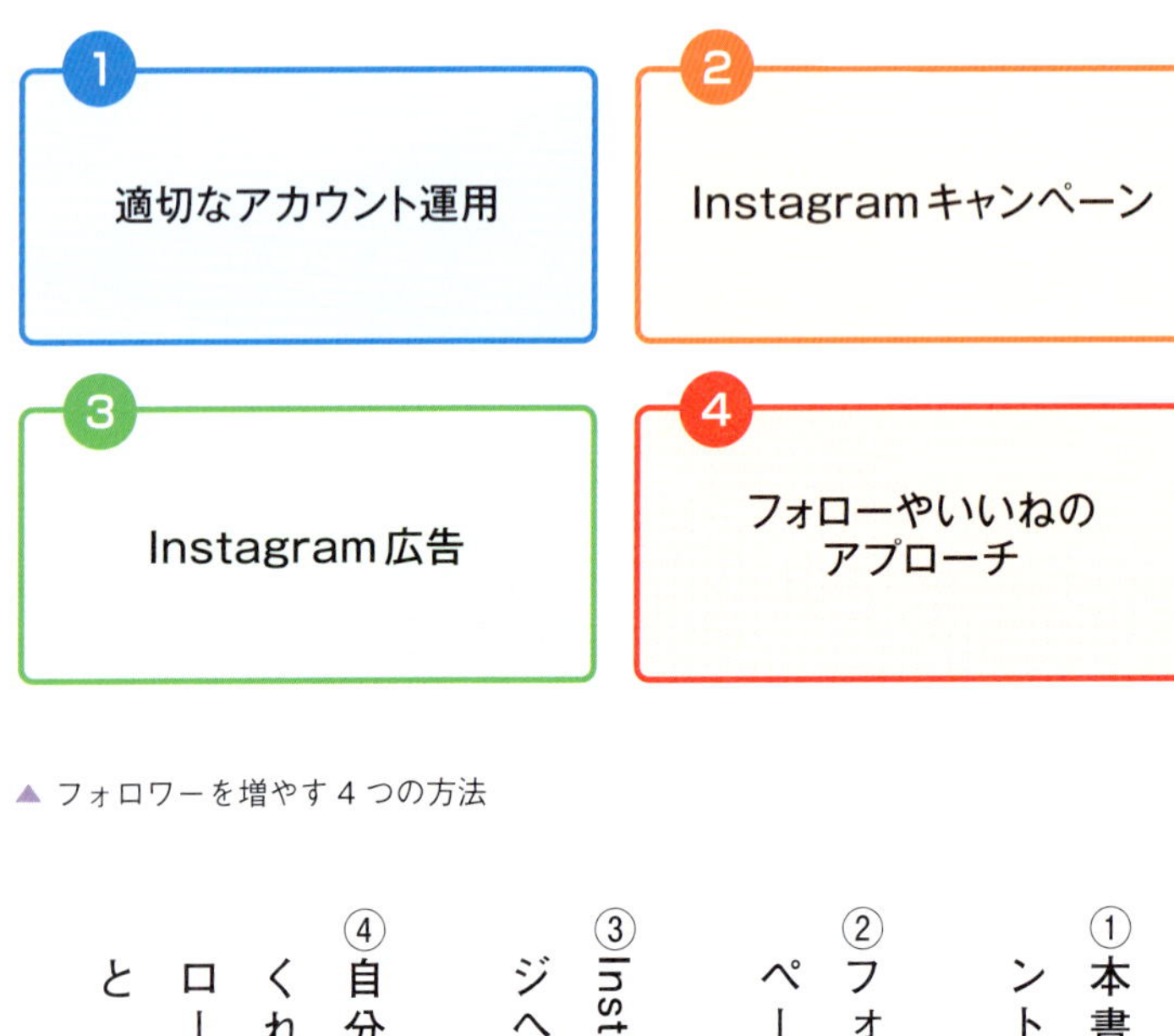

▲ フォロワーを増やす４つの方法

①本書で解説する方法で、適切なアカウント運用を継続していくこと
②フォローを条件としたInstagramキャンペーンを行うこと
③Instagram広告によりプロフィールページへ誘導すること
④自分の商品やサービスに関心をもってくれそうなアカウントに対して、フォローやいいね等のアプローチを行うこと

①は、本書全体を通してお伝えしていくことなので、本書を読み終わった頃には、読者の皆さんはすでに理解、実践できていると思います。②のInstagramキャンペーンは、本章の後半で解説を行います。また③のInstagram広告は、最後の章で解説します。

なお、④のフォローやいいね等のアプローチに関しては、基本的には手作業でやっていくことになります。ただし、あまりにも手間がかかるため、本書では積極的におすすめすることはありません。あくまでも方法の1つとして、ご紹介させていただいています。

ただ、この作業を自動で行う有料サービスも存在します。このサービスも決してすすめているわけではありませんが、多くの企業が自動でいいねやフォローをするシステムを提供しているので、必要に応じて検討してみてもよいかもしれません。

02 フォロワーは「量」より「質」を重視する

見込み客である「フォロワー」の大前提として、**「量より質を重視する」**という考え方が重要です。フォロワーは〝数〟ではなく、通常投稿やストーリーズに反応してくれる〝質〟の高いフォロワーを集めるべきです。

ここで言う「質の高いフォロワー」とは、きちんと「エンゲージメント」してくれるフォロワーのことです。**「エンゲージメント」とは、投稿に対するいいねやコメントなどの「反応」のこと**を言います。

投稿に反応してくれる質の高いフォロワーを増やすには、前章で設定したターゲットを意識して、前節の①～④の手法を実践していくことになります。

よく私のセミナーにも、「たくさんのフォロワーを集めたいんです」という方が来ます。確かに、フォロワーの数は少ないよりも多い方がよいと言えますが、数にこ

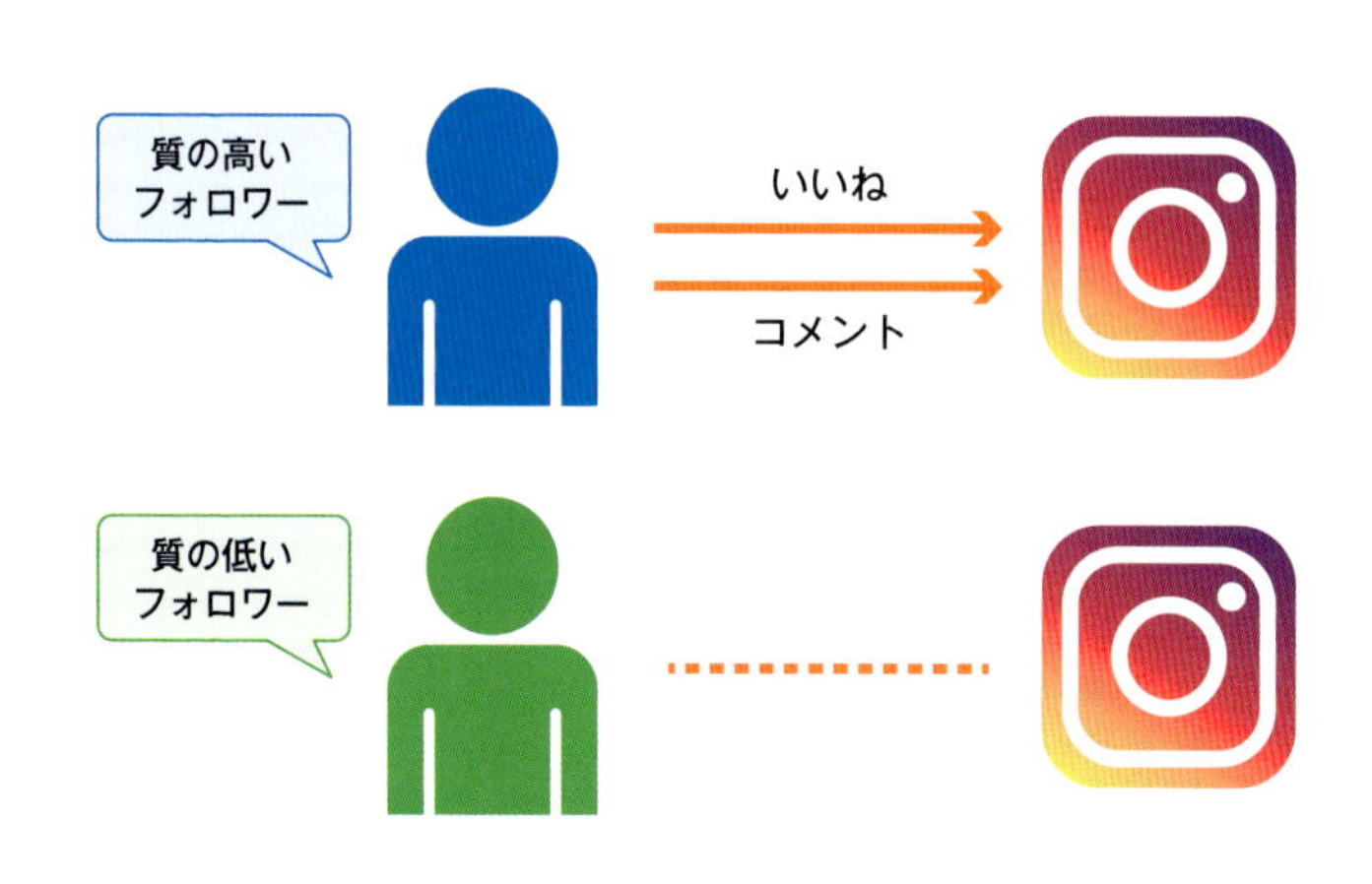

▲ 反応してくれる質の高いフォロワーを増やすべき

だわりすぎて、本来の目的を見失わないように注意してください。

Instagramをビジネスで活用する本来の目的とは、「**自社の商品やサービスを購入してくれる可能性のある見込み客を集め、まずは入口商品を購入してもらう**」ということです。決して「フォロワーを増やすこと」が目的ではありません。

例えば、フォロワー数10,000人で、1人が入口商品を購入してくれた場合と、フォロワー数1,000人で、1人が入口商品を購入してくれた場合とでは、結果的に成果は同じなのです。例えば、その10,000人のフォロワーを集めるために、多額のお金や時間を費やしている場合、成果だけを見ると、それは意味のないことだと言えます。

本節でお伝えしたかったのは、必ずしもフォロワーを増やさなければいけないわけではない、ということです。フォロワーが少なくても、見込み客からきちんと反応をもらえるアカウントになっていて、最終的に入口商品の販売につながっているのであれば、問題ありません。

もちろんフォロワーが多いに越したことはないですが、あまりにもフォロワー数に縛られて、理想とする顧客イメージからそれるユーザーを集めるようなことはせず、本来の目的を見失わないように注意してください。

お客様の来店時は「タグ付け」を活用する

次に、タグ付けについて解説します。タグ付けとは、投稿の写真内にタグを付けることで、他のユーザーのアカウントへリンクを貼ることができる機能のことです。これは、通常投稿でもストーリーズでも可能です。

一般的には、友達と一緒に撮影した写真をInstagramに投稿するときに、その友達のアカウントをタグ付けしたり、ある商品の写真を投稿するときに、その商品のブランドのアカウントをタグ付けしたりといった使われ方をします。

このタグ付けの機能は、Instagramをビジネスに活用する場合でも有効に利用できます。例えば美容室の場合、施術を終えたお客様のヘアスタイルの写真を事例として投稿することが多いですが、その際、お客様のアカウントをタグ付けすること

▲ 通常投稿のタグ付け例
@sato_yamato_rei

▲ ストーリーズのタグ付け例
@yuimarle43

で、そのお客様のプロフィールページにも、その投稿が表示されます（タグ付けされた側の設定によっては、表示されない場合もあります）。

タグ付けすることで相手方へ通知が行く結果、そのタグ付けされたお客様本人は、当然自社の投稿を見てくれることになります。お客様本人がそれをストーリーズでシェアしたり、リポストのアプリ等でシェアしてくれるかもしれません。それにより、自社の投稿がそのお客様のフォロワーにも届くことになり、それを見た方が来店してくれたという事例も多くあります。つまり、タグ付けを行うことによって、**知っている人からの紹介（口コミ）を期待することができる**ということです。

また、後述するフィードの仕組み（P.134参照）という側面でも、タグ付けした側とされた側の両方で、お互いの投稿が表示されやすくなる等のメリットもあります。

なお、**タグ付けは、本人の許可を取ってから行うのがマナー**です。タグ付けを

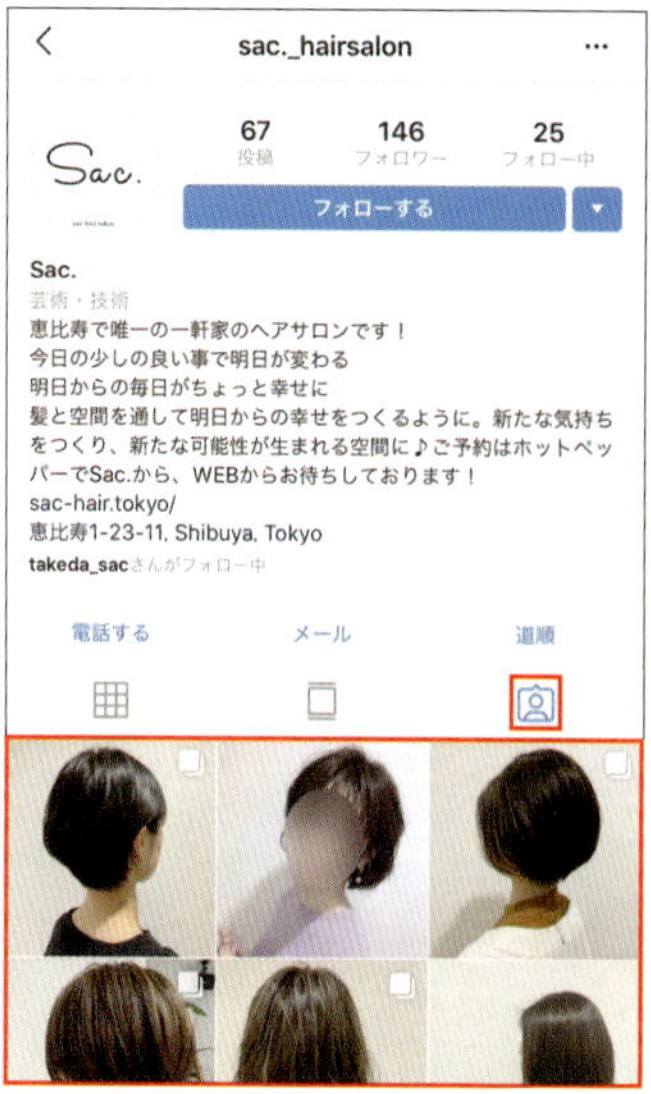

▲ 自分がタグ付けされている投稿を確認できるページ
@sac._hairsalon

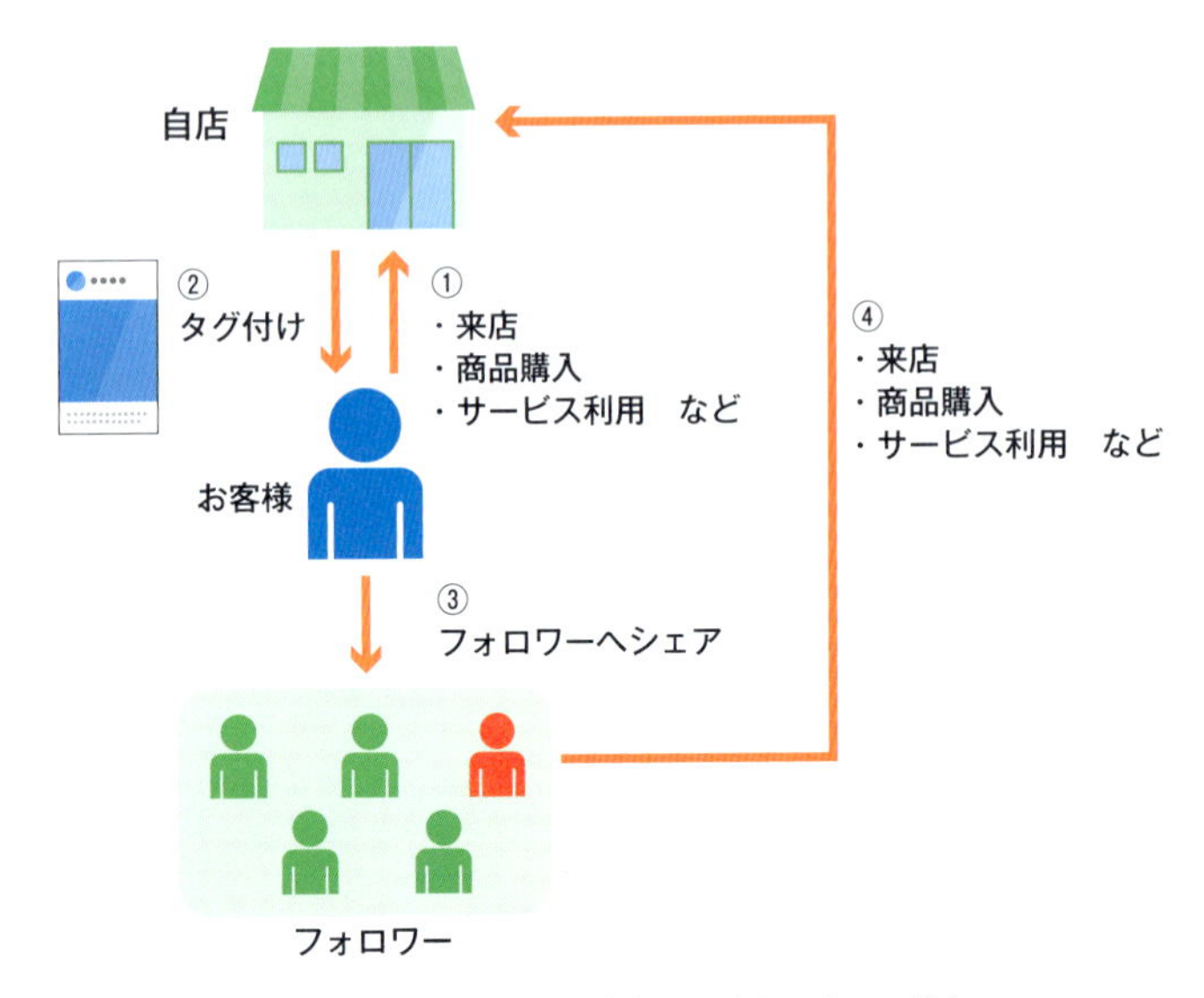

▲ タグ付けにより、お客様のフォロワーが来店してくれるまでの流れ

行う場合は、必ずその場で本人に確認するか、DMで確認を取るようにしましょう。

またタグ付けを行う際、店舗がある場合は、投稿に位置情報（P.49参照）を付けることも忘れないようにしましょう。タグ付けされたお客様がシェアしたり、プロフィールページに表示された投稿をそのお客様のフォロワーが見たときなどに、位置情報をクリックすることで店舗の場所が伝わります。そこから、見込み客を自店に誘導することにつながるのです。

04 他のSNSやウェブサイトからの「導線」を作っておく

次に、Instagramの外から「見込み客＝フォロワー」を取り込む施策も打っておきましょう。

具体的には、**ターゲットとなるユーザーが自社に接触する可能性のあるすべての媒体から、Instagramアカウントにたどり着けるようにしておく**ということです。

例えば、自社のホームページにInstagramアカウントがあることが伝わるバナーを設置する、FacebookやTwitterやLINEなどのプロフィール欄にInstagramアカウントを記載する、他のSNSやブログ、メルマガ等でInstagramアカウントを紹介する等の方法が考えられます。

▲ ホームページに Instagram に誘導するバナーを貼っている例

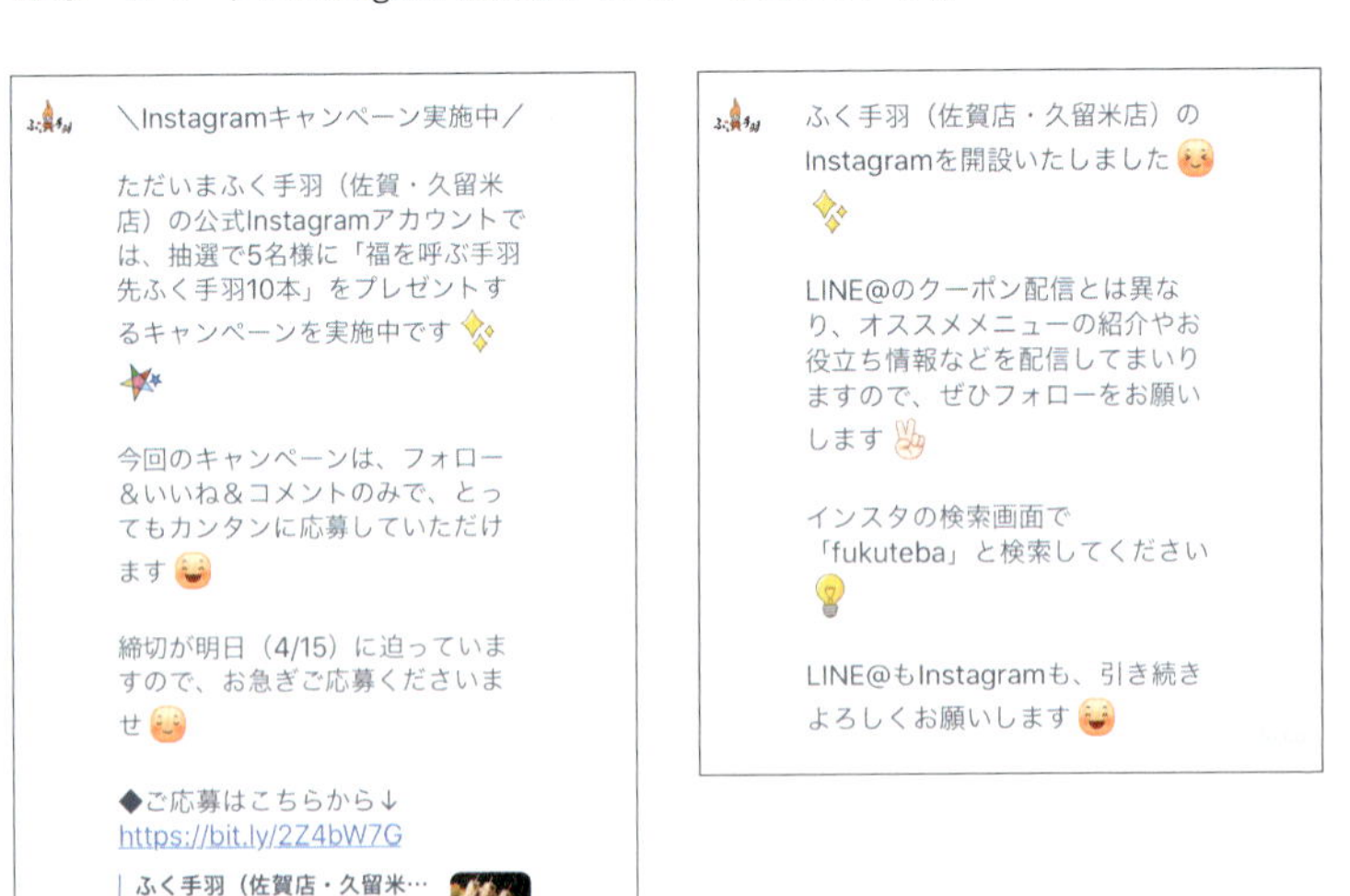

▲ 他の SNS（LINE 公式アカウント）から Instagram に誘導している例

右ページの例は、ホームページのフッターに各SNSにリンクできるバナーの一覧を設置していたり、Instagramを開設したタイミングや、キャンペーン実施期間中にLINE公式アカウントで告知を行ったりしている事例です。

他のSNSなどでInstagramアカウントの紹介を投稿するときは、「誰に向けて何を発信しているのか」や、「わからない人のためにアプリのどこから検索するのか」等、その投稿を見て**誰でもフォローまでたどり着けるような、丁寧な案内が必要**になります。

また、ホームページ上にInstagramで投稿した写真を一覧で表示させることのできるツールなども存在します。気になる方は、「Instagram　ホームページ　埋め込み」などと検索してみてください。

05 現実世界の人脈は「ＱＲコード」でフォローしてもらう

前節では、インターネット上の他のサービスからInstagramへの導線という視点でお伝えしましたが、導線を張れるのはインターネット上のみではありません。**現実の世界でも、Instagramへの導線を作っておくことは可能**です。現実世界でのお客様にアカウントを探してもらう場合、普通にアカウント名で検索してもらってもよいのですが、入力が面倒です。そこで、**「ＱＲコード」**が登場します。Instagramアカウントの**Ｑ**Ｒコードを表示し、フォローしたい側はInstagramアプリからＱＲコードを読み込むだけで、そのアカウントをフォローできます。

実際のＱＲコードは、左の画面のようなものです。試しに、ご自身のInstagramアカウントのメニューから、「ＱＲコード」の「ＱＲコードをスキャン」をタップし、私のＱＲコードを読み込んでみてください。ちなみに、執筆時現在、検索ページのトップ画面の右上からも、ＱＲコードのスキャンが可能です。

このＱＲコードを、名刺やチラシ、パンフレットなどに掲載することで、ユーザーはそれにスマホをかざすだけでアカウントにたどり着けます。フォローまでの手間は、ほとんどありません。現実世界のお客様にInstagramアカウントを案内する際は、ぜひＱＲコードをご活用ください。

▲ 実際の QR コード
@genxsho

06 見込み客を巻き込む「Instagramキャンペーン」を開催する

本章では、フォロワーをいかに増やすかという軸で話を進めていますが、私が最もおすすめする方法は、**「Instagramキャンペーン」**です。

Instagramキャンペーンとは、その名の通りInstagramを使ったキャンペーンのことですが、内容によっては「ハッシュタグキャンペーン」と呼ばれる場合もあります。**アカウントのフォローをキャンペーン応募の条件にすることで、自社の商品やサービスに関心のある見込み客層からのフォローが期待できます**。キャンペーン内容によっては最初から見込み度の高いユーザーの集客を期待できるため、質の高いフォロワーを増やす手法としては最も有効だと言えます。

キャンペーンの内容は様々です。例えば、フォローやハッシュタグを付けた投稿などを応募条件にして、その条件を満たしたユーザーの中から抽選で自社商品をプレゼントするなど、様々な企画が考えられます。

中には、商品のプレゼントはなく、企業アカウント内でユーザーの投稿を紹介（リグラム）するだけのキャンペーンもあります。この場合のユーザー側のメリットとしては、自分のフォロワーではない多くのユーザーに自分の投稿が届くことで、自身のフォロワー増加につながるということがあります。

Instagramだけでなく、**自社のすべての公式SNSで同時にキャンペーンを行うのも効果的**です。その場合は、各SNSの特性に合わせて、応募条件を若干調整する必要があります。

次節以降で、Instagramキャンペーンについて詳しく解説していきます。

07 Instagramキャンペーンの「メリットとデメリット」を知る

Instagramキャンペーンは、どんな業種の方にもぜひやっていただきたい手法です。しかし、あらかじめキャンペーンのメリットとデメリットを理解してから、実際に動いていただければと思います。

Instagramキャンペーンのメリット

まずは、Instagramキャンペーンのメリットからです。自社商品をプレゼントするキャンペーンの場合、自社商品をほしいと思っている、自社商品に興味を持ったユーザーが応募してくると考えられるため、**フォローを条件にすれば、見込み度が高いフォロワーが増えていく**ことになります。また、そのキャンペーンをきっかけに、自社商品の購入につながるなど、直接的な効果も期待できます。

副次的な効果としては、当選したユーザーには、実際に商品を送る前に企業アカウントからダイレクトメッセージ（DM）で直接連絡を取ることになるため、当選者の、**そのブランドや企業アカウントへの愛着・ファン度が高まる**ことになります。

また投稿をキャンペーンの応募条件にする場合は、ユーザーが投稿した写真を自社のコンテンツとして使うこともできます。この場合、事前にキャンペーン規約にその旨を記載したり、本人の許諾が必要となったりしますが、これによって、**自社でコンテンツを用意する手間が省けます**。また、「お客様の声」のような形で扱うことで商品レビューにもなるため、ユーザー自身の投稿をマーケティングに活用することができます。ちなみに、このような**ユーザーが作ったコンテンツのことを、「UGC（User Generated Contents）」と言います**。

またユーザー側のメリットとしては、Instagramキャンペーンへの参加は、ウェブサイトのフォームに必要事項を入力したり、ハガキを送ったりなど、従来のキャンペーンに比べて圧倒的に参加のハードルが低く、フォローや投稿だけで簡単に参加できるということがあります。

Instagramキャンペーンのメリット・デメリット

メリット	デメリット
● 自社商品や自社に関心のあるフォロワーを集められる。 ● ユーザーの自社アカウントや自社ブランドに対する愛着・ファン度が高まる。 ● UGCを集められる。 ● ユーザーのキャンペーン応募のハードルが低い。	● 応募条件を満たしているかチェックする作業が発生する。 ● 当選者を決めるための抽選や選考の工数が発生する。 ● プレゼントを渡すためや特典を付与するために、必要事項などをDMで確認する作業が発生する。 ● 郵送が必要な場合は、その発送作業の工数や郵送コストも発生する。

Instagramキャンペーンのデメリット

次にキャンペーンのデメリットとしては、応募者が条件を満たしているか等をチェックしたり、応募者が多い場合に抽選や選考で当選者を決めていく作業が大変になることがあります。特に応募条件が多い場合は、それを満たしているかどうか、キャンペーン担当者が1つずつ確認していく必要があります。

また、当選者にはDMで直接連絡をして、必要な情報を聞くことになります。プレゼントを発送する必要がある場合は、その工数も発生します。

なお、キャンペーンは、ユーザーに参加

してもらわなければ意味がありません。キャンペーンに参加してもらうためのコツとしては、**応募へのハードルを高くしすぎないこと**、また運営側の作業のためにも、**応募条件を多くしすぎないこと**がポイントです。詳しくは、次節以降の実例を見ていただければと思いますが、**2~3つ程度の条件数が理想的**です。

ただし、応募へのハードルが低すぎても、今度はただ単にプレゼントがほしいだけの、見込み度の低い（次につながらない）ユーザーも混ざってしまうので注意しましょう。

またキャンペーンを告知する文章には、説明を長々と書いてしまいがちです。しかし、あまりに長文すぎるとInstagramでは読みづらいため、ユーザーが「要するに、いつ何をすればキャンペーンに応募できて、その見返りは何なのか」を、簡潔にまとめるようにしましょう。

具体例は、次節以降でご紹介していきます。

08 キャンペーン事例その①
プレゼントキャンペーン

ここからは、キャンペーンの種類ごとに解説していきます。自分が扱う商材や業種によって、どのキャンペーンを選ぶべきかを考えながらお読みください。

まずは、アカウントのフォローや特定のハッシュタグ付き投稿などを条件にして、自社商品をプレゼントするという、最もポピュラーな「プレゼントキャンペーン」からご説明します。それでは、実際に事例を見ていきましょう。

●ポカリスエット

これは、アカウントのフォローと、指定したハッシュタグを付けた投稿を行うことを条件に、オリジナルグッズをプレゼントするパターンのキャンペーンです。ユーザーが作ったコンテンツである**UGCを収集するという目的がある場合に、このパターンのキャンペーンがおすすめ**です。具体的には、次ページの投稿文章をご確認ください。

▲ポカリスエットのキャンペーン
@pocarisweat_jp　©Otsuka_Pharmaceutical

このポカリスエットのキャンペーン事例では、該当する指定ハッシュタグを付けた投稿の数に応じて当選者も増えるという、自分も投稿することで当選確率が上がるのではないかと期待させる、面白い手法を取っています。キャンペーンに応募する方法を説明した文章も、ステップに分けて説明しているためわかりやすいものとなっています。

また、このキャンペーンにはキャンペーン特設サイトが用意されています。P.75で解説したように、Instagramの場合キャプション欄に入れたURLはリンク化しません。Instagramから特設サイトのURLに誘導したい場合は、**プロフィールページに貼るURLを、キャンペーン中は一時的にキャンペーン特設サイトのURLに変更**し、プロフィールページに案内する形の投稿文章にして、そのプロフィールページのURLに誘導するのがおすすめです。

なお、ハッシュタグ付きの投稿を応募条件にする場合、偶然そのハッシュタグを付けているだけの、キャンペーンには関係のない投稿が混ざってしまう可能性もあります。それを避けるため、**基本的にハッシュタグ付きの投稿を応募条件にする場合は、他と重複しないオリジナルのハッシュタグを作るようにしてください**（例：「#ポカリのまなきゃ」など）。

●プリグリオ

次は、弊社のクライアントのアカウントで実施した、ハッシュタグ付きの投稿を求めない形のキャンペーン例です。

キャンペーンへの応募条件としては、次の3つになります。

- **アカウントのフォロー**
- **キャンペーン投稿へのいいね**
- **キャンペーン投稿へのコメント**

応募期間内にこれら3つ全ての条件を満たしたユーザーの中から、あらかじめ決めておいた当選人数を抽選でピックアップし、InstagramのＤＭで当選者の住所など必要事項を確認して、プレゼントを発送していくことになります。

最大の特徴は、
・敏感肌の方でも安心して使えること
・高品質な天然の原材料にこだわっていること
・頭皮の健康をサポートし美しい髪を育むこと

人の体をケアするものは絶対に上質でなければならない、という信念のもと開発されたスペシャルなアイテムです。

サロンでしか手に入らないこのアイテムを、今回3名の方にプレゼントさせていただきます！

たくさんのご応募をお待ちしております☆

＊＊＊＊＊＊＊＊＊＊＊＊＊

【キャンペーン期間】
2019年4月15日（月）～2019年4月22日（月）

【プレゼント商品】
プリグリオプレミアムシリーズの中から、お好きなアイテムをひとつお選びいただけます（下記参照）。

対象商品：オレンジシャンプー／ゆずシャンプー／シトラスシャンプー／プレクレンジングジェル／ヘアサプリメント／トリートメント／ローズシャンプー／ローズトリートメント

【応募方法】
①当アカウント（@priglio）をフォロー
②この投稿に「いいね」
③この投稿のコメント（どのアイテムがご希望かコメントをお願いします）
※キャンペーン期間内に上記をしていただくだけで応募完了です◎

【その他注意事項など】
・新しくフォローしてくださる方はもちろん、すでにフォローしていただいている方も対象となりますので、お気軽にご応募ください。
・当選者には、5月中にInstagramのダイレクトメッセージにて、当アカウントよりご連絡させていただきます。
・非公開アカウントの方はご応募いただけませんので、必ず公開アカウントからご応募ください。
・応募完了の確認や、当選・落選についてのお問い合わせにはお答えできかねますので、あらかじめご了承ください。

コメント447件すべてを表示

◀ プリグリオの Instagram キャンペーン
@priglio
©BJC

「自分のプロフィールページをキャンペーン投稿で埋めたくない」というユーザーも多くいるため、前項のように投稿を応募条件に加える場合と、今回のように加えない場合とでは、**投稿を応募条件に加えない場合の方がキャンペーンへの応募数は圧倒的に多くなります**。

ただし、この場合は投稿を求めないため、UGCを集めることができません。そのため、**「とにかく自社に興味のあるフォロワーを増やしたい」という場合などに活用するべきキャンペーン**と言えるでしょう。

また、「フォロー」と「いいね」以外に「コメント」を応募条件に求める理由もよく質問されるので、ここで解説しておきます。

多くの場合、キャンペーンには応募期間を設けます。**コメントは、その応募期間内に応募をしているかどうかを確認するために求める**のです。フォローといいねだけでは、それがいつ行われたものなのかがわかりません。しかしコメントは、「3日前」「一週間前」などといった形で、いつコメントされたものなのかがわかるので、その情報を参考にして、期間内に応募条件を満たしているかどうかを判断することができるのです。

もう一つの理由は、次の章で解説することになるフィードの仕組み上、**いいねだけでなくコメントも多く集められる方が、投稿が優先表示される可能性も高くなる**からです。ただし、コメントを応募条件に含めず、フォローといいねのみを応募条件にする方が、キャンペーン応募のハードルは下がります。これだけでもキャンペーン自体は成立するため、あえてコメントを応募条件にしないのも1つの方法です。

ここでご紹介したキャンペーンは、必ずしも有形物を扱う業種でないと活用できないわけではありません。例えば、セミナーなどの無形物を扱う業種の方でも、URLを知らないと閲覧できないYouTubeの限定公開動画をプレゼントにする等の形で、DMで当選者にそのURLを送るといった手法も考えられます。

このように業種を問わず、Instagramキャンペーンは実践していただけるかと思いますので、引き続き、次節以降の事例も参考に考えてみてください。

09 キャンペーン事例その②
リアルプレゼントキャンペーン

次にご紹介するのは「リアルプレゼントキャンペーン」です。

前節のプレゼントキャンペーンと比較して、リアル（現実世界）を絡ませるところが異なる点だと言えます。

例えば、フォローや指定ハッシュタグ付きの投稿など、条件を満たしたアカウントを実店舗で店員に見せることで割引等のサービスを受けられたり、キャンペーンに当選した人へのプレゼントの受け渡しや施術を実店舗で行うことで来店を促したり、電話ではなくInstagramのDM経由で来店予約をすることでインスタ限定割引を受けられたりするなど、**リアルとInstagramを絡めたキャンペーン**です。特に、**実店舗がある飲食店や美容院などで実践可能なキャンペーン**だと言えます。

リアルプレゼントキャンペーンの場合、Instagram内でキャンペーンを始める旨の投稿をすることはもちろん、店頭での声掛けやキャンペーンポスターやチラシの作成など、**現実世界での告知も積極的に行うべき**です。

それでは、実際の事例をご覧ください。

120 WORKPLACE KOBE

ここでご紹介するキャンペーンは、前節で紹介したフォロー&いいね&コメントの3条件のプレゼントキャンペーンのプレゼントを、郵送ですませるのではなく、実店舗での受け取りとしている事例です。

弊社のクライアントでもあるこのアカウントは、コワーキングスペースのアカウントです。**Instagramキャンペーンのプレゼントの受け取りをきっかけに、実際に施設に足を運んでもらうことへとつなげています**。

このような施設の場合、実際に来てもらわないことには、場所の雰囲気や駅から

【キャンペーン期間】
2019年2月4日（月）～2019年2月14日（木）23:59まで

【応募方法】
①当Instagramアカウント（@120workplacekobe）をフォロー
②こちらの投稿にいいね
③こちらの投稿にコメント
これだけで応募完了◎

【プレゼント】
ステンレスカフェボトル200ml
カラー：ガンメタル／ブラック（カラーはこちらで選ばせていただきます）

【当選者発表】
当選者には2月下旬頃までに、Instagramダイレクトメッセージにてご連絡させていただきます。

【注意事項】
・すでにフォローしていただいている方も対象となりますので、お気軽にご応募ください。
・当選者は、2019年3月31日までに、120 WORKPLACE KOBEまでプレゼントを引き取りに来ていただける方に限ります。
・非公開アカウントの方はご応募いただけませんので、必ず公開アカウントからご応募ください。
・応募完了のご確認や当選・落選についてのお問い合わせにはお答えできかねます。予めご了承ください。

◀ 120 WORKPLACE KOBEのInstagramキャンペーン
@120workplacekobe
©120 WORKPLACE KOBE

のアクセスも伝わりません。Instagramキャンペーンで足を運んでもらったことがきっかけで、新規顧客を獲得することにも成功しています。

リアルプレゼントキャンペーンの事例としては、他にも次のような事例があります。

・ラーメン店の事例：Instagramアカウントをフォローすることを条件に替え玉無料
・美容室の事例：施術後のお客様の写真を、その美容室のアカウントで投稿させてもらうことを条件に、次回割引クーポンを提供
・商業施設の事例：Instagramキャンペーン用の撮影スポットを用意し、そこで撮影した写真と指定ハッシュタグを付けた投稿を条件に、その商業施設の加盟店で使える割引券を発行

次節が3種類目、Instagramキャンペーンとしては、最後の事例になります。

10 キャンペーン事例その③ リグラムキャンペーン

3種類目のInstagramキャンペーンは、「リグラムキャンペーン」です。

このキャンペーンは、特に物的なプレゼントはなく、**公式アカウントでリグラムされたり、公式サイトに自分の投稿が掲載されること自体がインセンティブになっているキャンペーン**です。ただし企画によっては、プレゼントキャンペーンと併用される場合もあります。

一般に「リグラム」とは、自分以外のアカウントの投稿を、自分のアカウントのプロフィールページに表示する形でシェアする行為のことを指します。Facebookでいうシェア、Twitterでいうリツイートです。

しかし現在のInstagramには、自分以外のアカウントの通常投稿を自分のストーリーズでシェアする機能はありますが、直接自分のプロフィールページに通常投稿として表示させる機能はありません。実装を検討しているという噂はあるものの、現時点では「リポスト」など別のアプリを使用するか、シェアしたい投稿をしている相手方にDM経由などで画像を直接送ってもらい、それを投稿する、という方法をとることになります。

それでは、リグラムキャンペーンの事例をひとつご紹介します。

●ニコンイメージングジャパン公式

このアカウントでは、ニコンのカメラやレンズで撮影され、光をテーマにした写真に「#light_nikon」というハッシュタグを付けて投稿された作品の中から、運営側が選んだ写真が定期的に紹介されています。応募期間などはなく、常時開催されているパターンのリグラムキャンペーンです。

リグラムキャンペーンは、自分の投稿（作品）を自分のフォロワーに限らず、多くの人に見てほしいと思っているユーザーに対して最適なキャンペーンと言えます。

リグラムキャンペーンは、キャンペーン規約に記載したり事前に許可を得ておけば、UGCとしてその投稿内容を使うことができたり、「こんなに自社の商品を利用しているユーザーがいる」ということを示す、対外的なブランディングにもなるキャンペーン手法です。ただし、フォロワーが多かったり、業界で有名だったりなど、

▲ ニコンイメージングジャパン公式のInstagramキャンペーン
@nikonjp
©Nikon

ユーザーにとって自分の投稿が紹介されることが価値になるレベルの公式アカウントに育っていることが必要です。

また、ハッシュタグが使われる文化のあるＳＮＳであるInstagramとTwitterの両方で同時にキャンペーンを開催すると、より参加者が増えるのでおすすめです。

２０２０年末頃、Instagramの利用規約変更に伴い、一部で「プレゼントキャンペーンが禁止になった」という情報が出回りましたが、実際には禁止されていません。禁止される場合としては、「現金や金券をプレゼントにする場合」「条件を満たした全員にプレゼントする場合」があります。

本書でご紹介しているような、条件を満たしたユーザーの中から抽選を行ったり、指定ハッシュタグで集まった投稿を優秀賞などとして選考する形でのプレゼントキャンペーン等は問題ありませんので、ぜひキャンペーンを活用してユーザーとのつながりを増やしていただければと思います。

11 キャンペーン投稿に入れるべき「文章」と「ハッシュタグ」を知る

本章の最後に、Instagramキャンペーンを告知する投稿を実際に作ると想定して、キャプション欄にどのような文章やハッシュタグを入れるべきなのかについて具体的にお伝えしていきます。

前節までの投稿画像と合わせて、確認してみてください。

タイトル

〃╲プレゼントキャンペーン╱〃〃【オリジナルノベルティをプレゼント！】〃など、一目見ただけで「キャンペーンだ」とわかるように記載します。

キャンペーンに応募することでどうなるのか？

「××をプレゼントします」「どのアカウントでいつどういう形で紹介されるのか」など、キャンペーンに応募することで得られるメリットについて具体的に記載します。

プレゼントの詳細

「××な方に向けた当店人気の商品です」など、プレゼント内容の詳細を記載します。

応募方法

どのアカウントをフォローするのか、どの投稿にいいねやコメントをするのか、どんなハッシュタグを付けてどんな内容の投稿をすればいいのか、などの応募条件を記載します。

キャンペーン期限

いつからいつまでキャンペーンが開催されるのか、明確な日時で記載します。

当選者の発表方法

当選者の発表方法を記載します。「当選者は抽選で決定いたします。当選された方には、応募締切後×日以内に、当アカウントからダイレクトメッセージにてご連絡をさせていただきます」という形が一般的です。

その他の注意事項

必ず公開アカウントで応募してほしい旨、UGCとして使用する可能性のある旨、当選や落選の問い合わせには答えられない旨、当選の連絡から×日以内に返信がない場合は無効とする旨など、注意事項を記載します。

ハッシュタグ

指定ハッシュタグ付きの投稿を条件にするキャンペーンの場合、その指定ハッシュタグを明記します。投稿にどのようなハッシュタグを付けるべきかの詳細は後述しますが（P.210参照）、キャンペーンの告知投稿には、投稿に関連する通常のハッシュタグ以外に、「#Instagramキャンペーン」「#インスタキャンペーン」「#プレゼントキャンペーン」「#プレゼント企画」「#ハッシュタグキャンペーン」など、キャンペーンに関連するハッシュタグを必ず付けるようにしてください。これらのハッシュタグで検索してくる人も多いため、結果的に応募者が増えることにもつながるからです。

これらの内容を踏まえた上で、再度、前節までにご紹介したキャンペーン事例の投稿をご確認いただければと思います。

キャンペーンの企画内容によっては、不要な項目もあるかもしれませんが、基本的には、ここでお伝えした項目を入れておけば問題ありません。

いかがでしたでしょうか？　読者の皆さんの中で、自社のInstagramキャンペーンの企画が、いくつか浮かんでいると幸いです。思いついたものは、とにかくやっていきましょう。まずは挑戦し、失敗も経験しながら運用していくのが、ＳＮＳ運用の上達への近道なのです。

第4章

Instagramの「効果的な投稿術」を知る

01

アカウントは「投稿の積み重ね」で育成する

前章では、「見込み客＝フォロワー」を集める方法について解説しました。

本章では、実際にInstagramに投稿していくにあたって必要な知識や投稿術についてお伝えしていきます。本章でお伝えすることが、本書のメインとも言える部分ですので、じっくりと読み進めていただければと思います。

実際に本章の本題に入る前に、前提となる部分を再確認しておきます。Instagramをはじめとする SNS での集客は、今日始めて明日すぐに成果が出るというものではありません。原則として、即効性はないものと考えてください。**コツコツと投稿を継続することで、見込み客が集まるアカウントへと育てていく**、という考え方が必要だと言えます。

Instagram広告を使うことで、多少のスピードアップはするかもしれませんが、広告も出したら出しっぱなしではなく運用が必要ですし、そもそもDECAXのところでお伝えしたように、現代の消費者は好んで広告を閲覧するわけではありません。

前述した通り、Instagramには複数の投稿方法がありますが、**どれか1つに偏った運用は、Instagram側は歓迎しないシステムになっています。**そのため、目的に合わせてまんべんなく、通常投稿、ストーリーズ、IGTV、リール、ライブ配信など、複数の投稿を使い分けていくことをおすすめします。

Instagramアカウントを1つのメディアとして捉え、それに対してターゲットユーザーが「面白い」「きれい」「好き」と共感するコンテンツを投稿していく必要があります。それを継続することで、1メディアとしての世界観を構築し、見込み客が集まり、入口商品につなげていくことができるアカウントに育成していかなければならないのです。この章では、そのために必要なノウハウをお伝えします。

フィードの「3つの基本ルール」を理解する

まずは、Instagramを本格的に運用するなら必ず知っておかなくてはならない「フィードの仕組み」について解説します。繰り返しになりますが、「フィード」とは、Instagramにアクセスすると最初に表示される、フォローしたアカウントの通常投稿が縦並びに流れてくる場所のことです。

Instagramのフィードは、**フォローしているアカウントとの関係性など様々な情報に基づいて、個人個人に最適化された投稿が流れてきます**。以前は時系列で投稿が流れていたのですが、ユーザーの利便性を考え、このような形にアップデートが行われました。それでは、現在のフィードはどのような基準で投稿が流れてくるのでしょうか？

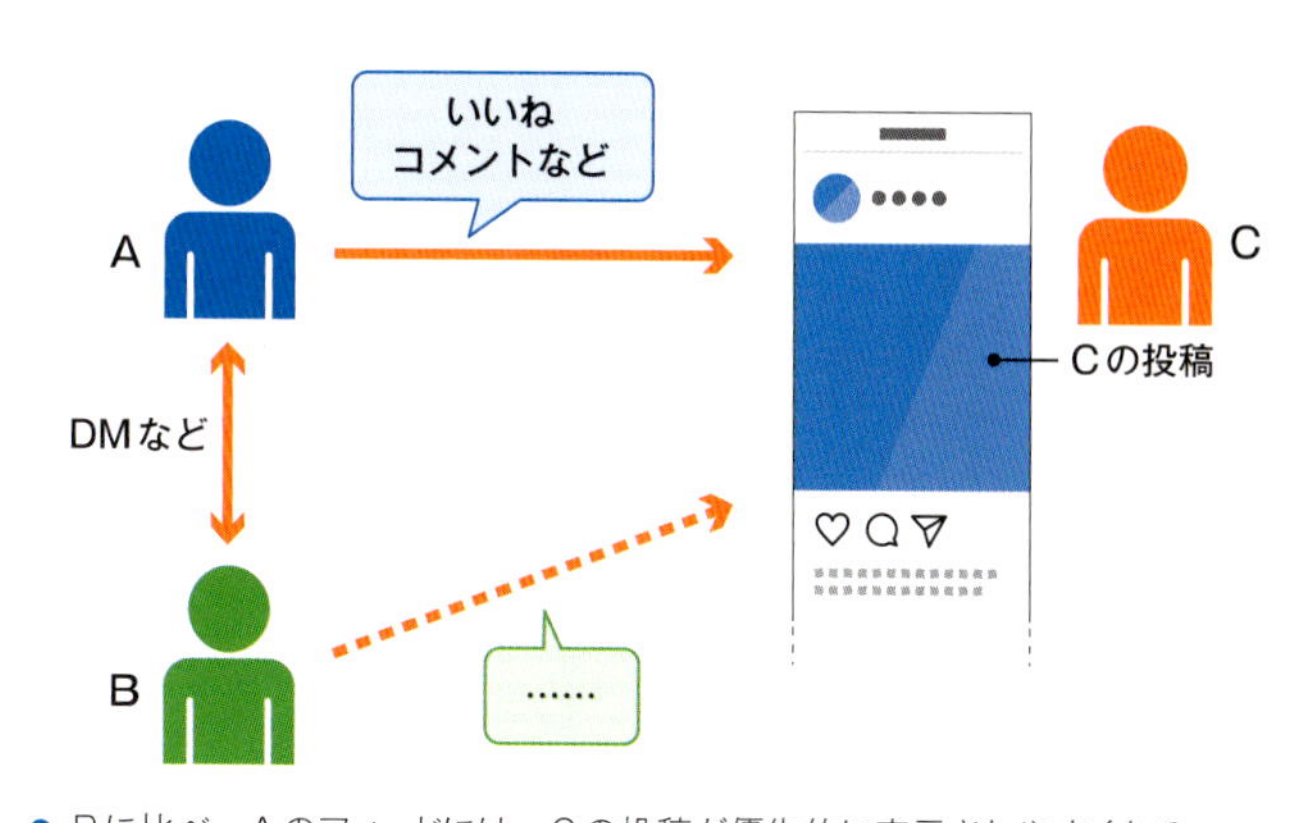

- Bに比べ、Aのフィードには、Cの投稿が優先的に表示されやすくなる。
- AとBお互いのフィードには、お互いの投稿が優先的に表示されやすくなる。

▲relationship（関係）

Instagramのフィードは、主に次の3つの基準によって投稿がランク付けされ、流れてきます。

- **relationship（関係）**
- **interest（関心）**
- **timeless（新しさ）**

「relationship（関係）」は、そのフィードの持ち主であるユーザーが、フォロー相手である投稿者とどれだけ親しいかの基準です。投稿にコメントした（された）、写真にタグを付けた（付けられた）、よくDMでメッセージのやり取りをしているなど、**過去にInstagram上で多く対話を**

して関係が深い人ほど、ランクが高くなり、優先的に表示されます。

例えば、芸能人Cさんの投稿がフィードに流れてくると必ずいいねを付けたり、その芸能人Cさんのプロフィールページに行って、よく過去の投稿を見返すファンのAさんがいたとします。Aさんがこのような行動をすると、Instagram側は、「AさんはCさんに関心があるんだな。ではAさんのフィードにCさんの投稿を多く表示させてあげよう。」と判断するのです。

同じように、Aさんは友人Bさんのストーリーズをよく閲覧しており、そのストーリーズにコメントをする形でメッセージ（DM）を送信するとします。両者のDM間でメッセージのやり取りが重なると、Instagram側は、「AさんとBさんは、DMというクローズな空間でやり取りを続けている。ということは、それだけ仲がよいということだな。」と判断し、お互いのストーリーズや通常投稿を優先的に表示させようとします。これが、「relationship（関係）」です。

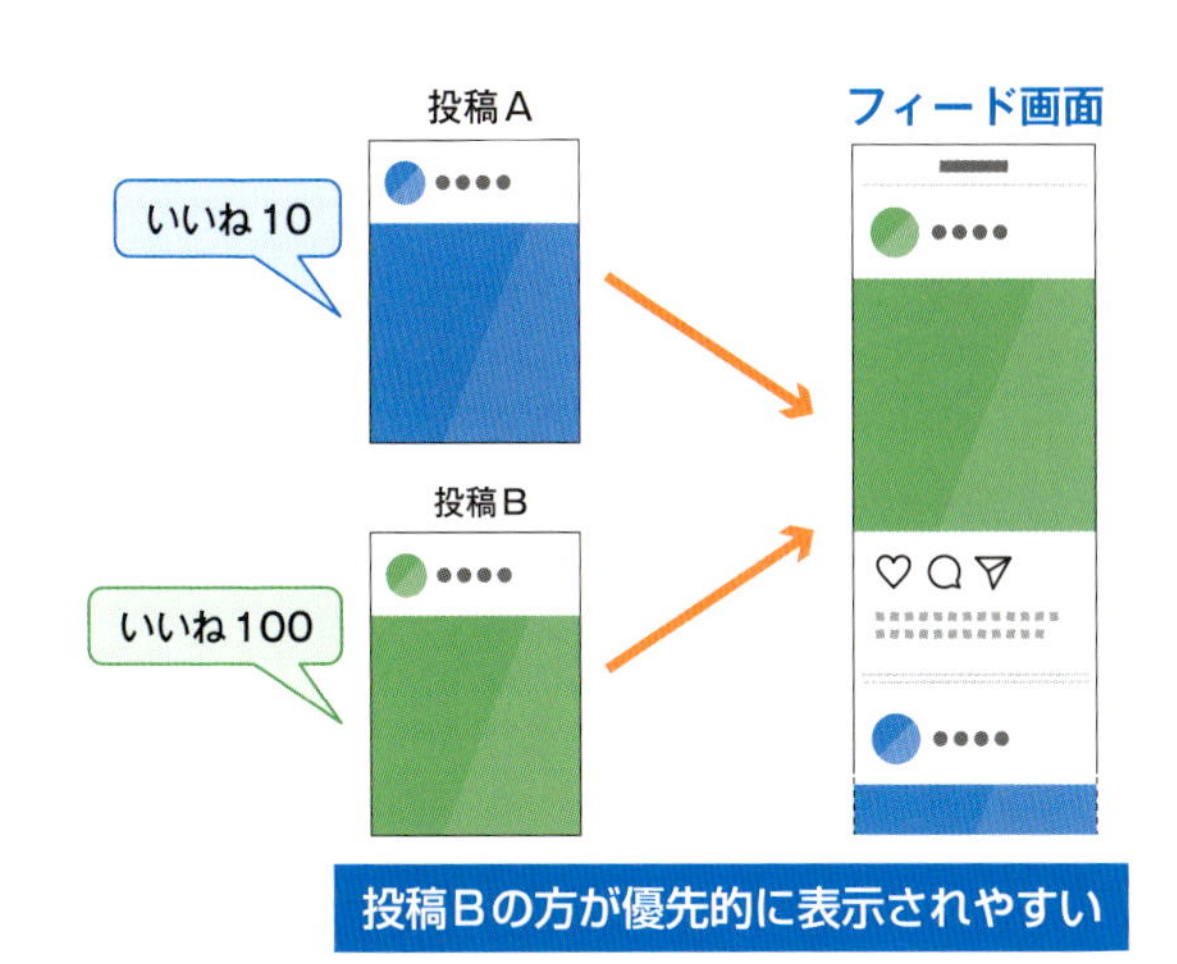

▲ interest（関心）

次に、「interest（関心）」です。これは、**多くのユーザーが関心を持つ、あるいは気にする投稿は、優先的に表示されやすい**という基準です。いいねやコメントなどのエンゲージメントの数や、DMやストーリーズでシェアされた数などによって判断されます。

例えば、いいねが10しか付いていない投稿よりも、いいねが100付いている投稿の方が、「多くのユーザーから関心を集めている投稿だ」と判断されるため、いいねが100付いている投稿の方が優先的に表示されやすくなる、ということです。

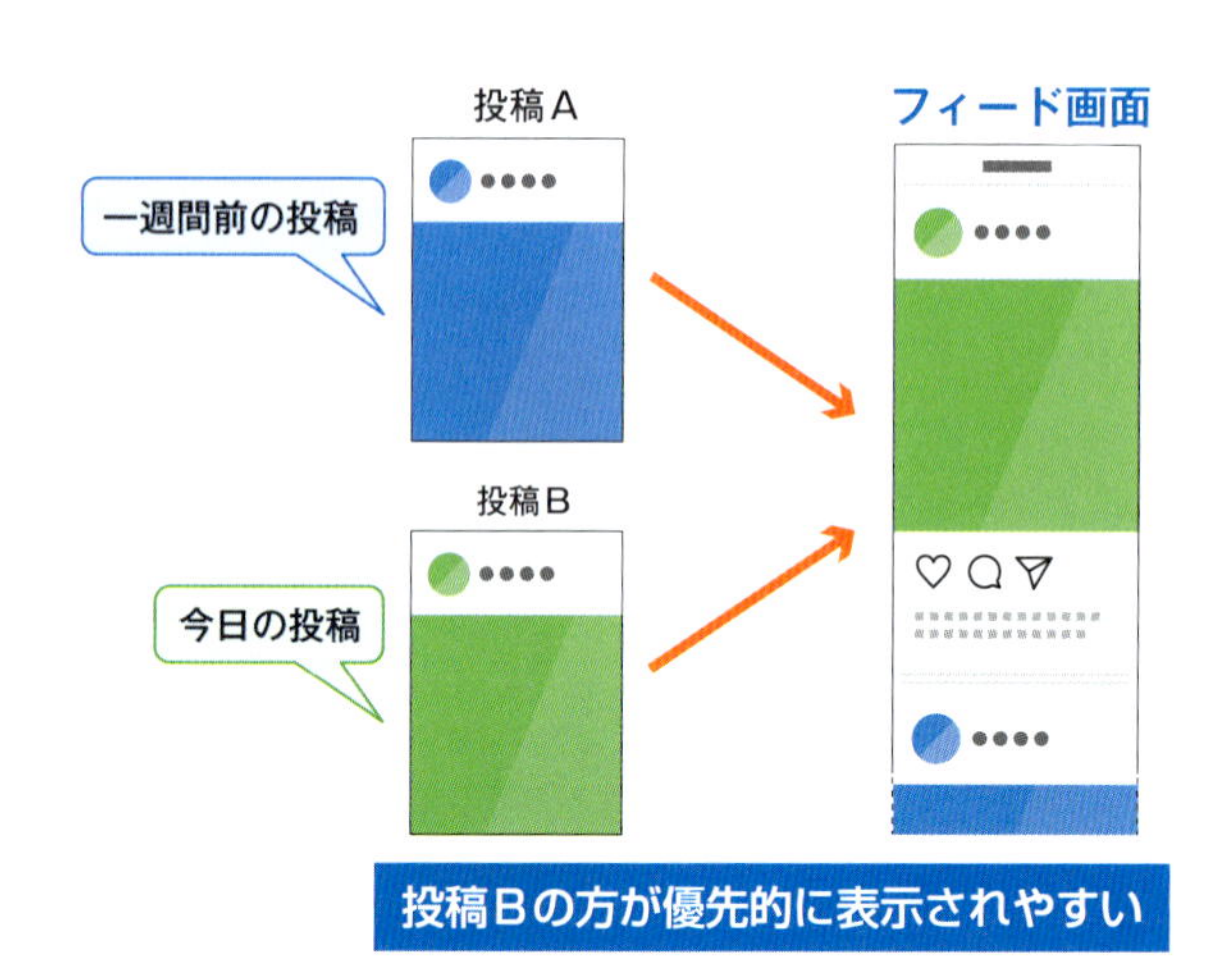

▲ timeless（新しさ）

最後の「timeless（新しさ）」は、何週間も前のコンテンツよりも、**最近のコンテンツの方が優先される**という基準です。いわゆる時系列です。

Instagramのフィードは、主にこの3つの基準によってどの投稿を優先的に表示させるかが決められています。なお、ここでお伝えしているフィードの仕組みは、通常投稿のフィードについてです。それに対してストーリーズのフィードは、前述の3つの基準のうち、主に「timeless（新しさ）」と「relationship（関係）」の2つが関係していると、私は考えています。

これは、通常投稿の上部に並んでいるストーリーズのうち、**左側に来るストーリーズが、関係値が高いアカウント、かつ、新しいストーリーズである**、ということです。

この3つの基準は、前著で解説したFacebookにおける「エッジランク」と呼ばれる仕組みとほとんど同じものです。エッジランクは、「親密度×重み×経過時間」と言われています。これは、それぞれ「親密度＝relationship（関係）」「重み＝interest（関心）」「経過時間＝timeless（新しさ）」に対応しています。InstagramはFacebook傘下のSNSなので、同じような基準になっているのでしょう。

Facebookアプリだけで世界23億人以上のユーザー数（MAU）を誇るFacebook社が行うことは、傘下であるInstagramはもちろん、他のSNSにも何らかの影響が及ぶ可能性があります。本書を手にとっている皆さんはInstagramに限らず、他のSNSも運用されているはずです。Facebook社の動向は、今後も注意して見ておくことをおすすめします。

基本ルール以外の「5つの仕組み」を知る

前節では、フィードを流れる投稿の3つの基準について解説しましたが、本節では、その基本以外の5つの仕組みについてお伝えします。

まずは1つ目。**積極的にアクションを起こしているユーザーの投稿は、優先される傾向にあります**。これはInstagramに限らず、FacebookやTwitterなど他のSNSでも同じことが言われているもので、定期的にアプリを開いて、フォローしているユーザーの投稿にいいねやコメントをしたり、積極的に自分自身も投稿を行っていくことが重要です。

2つ目は、**ユーザーが過ごした時間（見ていた時間）が長い投稿は重要視され、そのアカウントの他の投稿や類似の投稿も、優先的に表示されやすくなる**という仕組みがあります。この仕組みを活かすことを考えると、画像投稿は1枚だけではなく、複数枚の画像で投稿した方がよいことがわかります。2枚目以降の画像をスワイプして見ている間、そのユーザーは自分の投稿に滞在していることになるからです。他にも、動画の長さや文章の量など、投稿へのユーザーの滞在時間が伸びると考えられる施策を施して投稿するとよいでしょう。

次に3つ目。前述のように、Instagramは通常投稿のみ、ストーリーズやライブ配信のみなど、**特定の機能のみを好むユーザーを優遇しません**。通常投稿もストーリーズも同じくらい重要なので、まんべんなく行ってください。

4つ目。Instagramは、**頻繁な投稿を理由にアカウントの評価を下げたりはせず、定期的な投稿を歓迎する**と言われています。だからといって、Instagramの投稿は、通常投稿もストーリーズもIGTVも、ある程度の質が求められる文化があるので、相応の質を保ちながら1日に何回も投稿するのは難しいと思われます。この投稿回数については、あらためて後述します（P.150参照）。

最後の5つ目は、ハッシュタグについてです。Instagramの運営側は、**ハッシュタグが多いなど特定のアクションを理由に、ユーザーの投稿を隠すようなことはない**（投稿の優先順位を下げたりはしない）と公式に述べています。ハッシュタグについては、これまで「7個が最も拡散する」「11個が一番いい」など、いろいろな説がありました。

Instagramの言う通りハッシュタグの数がフィードの優先順位に影響しないのであれば、単純にハッシュタグの数だけ、自分の投稿やアカウントにつながる道が増えることになります。そのような理由により、私は、**ハッシュタグは投稿内容に関連するものであれば、上限の30個いっぱいまで付けた方がよい**という結論に至っています。

ハッシュタグの活用については、とても重要なポイントなので、本章の中であらためて解説します（P.205参照）。

❶ 積極的にアクションを起こしているユーザーの投稿は優先される

❷ ユーザーが過ごした時間の長い投稿ほど重要視される

❸ 特定の投稿機能だけを好むユーザーを優遇しない

❹ 頻繁な投稿を理由にアカウントの評価を下げない

❺ ハッシュタグが多いなど特定のアクションを理由に、ユーザーの投稿を隠すようなことはしない

▲ フィードに関する5つの仕組み

04 Instagram「ならでは」のフィードのルールを知る

前節までのフィードの仕組みは、エッジランクをはじめ、Facebookに共通する部分もありましたが、本節では、「Instagram」とInstagramの親会社である「Facebook」において、異なる仕組みについてご紹介します。

Facebookは、「Facebookページ」の投稿か「個人アカウント」の投稿かを、明確に区別しています。実際、Facebookページ名義の投稿よりも個人アカウント名義の投稿の方が、フィードでの優先順位が高くなる仕組みが採用されています。

それに対してInstagramのフィードでは、**ビジネスプロフィールに切り替えているアカウントによる投稿か、通常の個人アカウントによる投稿かの区別を行っていません**。80%以上のユーザーがビジネスアカウントをフォローしているというデータもあるように、ユーザー自身も、フォローする際にそれがビジネスアカウントかどうかということを、あまり区別して見ていないようです。

投稿の形式についても、違いがあります。Facebookは、「動画ファースト」と公言しています。通常の動画投稿はもちろん、特にライブ配信動画を優先する傾向にあります。対して、Instagramのフィードでは、**画像か動画かという投稿の形式では区別されず**、動画をよく見るユーザーには動画投稿が表示されやすく、画像をよく見るユーザーには動画投稿よりも画像投稿の方が表示されやすい、というように、**あくまでユーザーの反応や行動に基づいて表示が決まります**。

またFacebookは、友達になっているユーザーやフォローしているユーザーの全ての投稿がフィードに表示されるわけではありません。エッジランクが高い順から、上位数十%のアカウントの投稿しか、そもそも表示されていないと言われています。これに対してInstagramのフィードは、**スクロールすればフォローしているアカウント全員の投稿をフィード上で見ることができる**と言われています。

Instagramの場合、ここまでにご紹介した表示のアルゴリズムは、表示する・しないを決めるものではなく、あくまで表示順を決めるものだということです。

Instagramのフィードの仕組みについて、いかがでしたでしょうか。Instagramのフィードの表示ルールは、急に大きな変更が発表されたり、予告なくテストをしたりすることもあるので、今後も動向には注目が必要です。とはいえ、Instagramはユーザーの役に立つプラットフォームになるように、**各ユーザーにとって有益な情報を届けようとしています**。このInstagram側の基本的な思考、考え方を理解しておけば、無闇にとまどうことはないはずです。

投稿タイミングは「21時近辺」がベスト

前節までは、フィードの仕組みという軸でお伝えしてきましたが、ここでは投稿のタイミング、具体的には「時間」についてお伝えします。

まずは、下の画像を見てください。

これは、ビジネスプロフィールに切り替えると利用することができる「インサイト」という機能で見ることができる情報で、自分のアカウントのフォロワーが何時台にInstagramを利用していることが多いのかが、曜日ごとにわかるというものです。

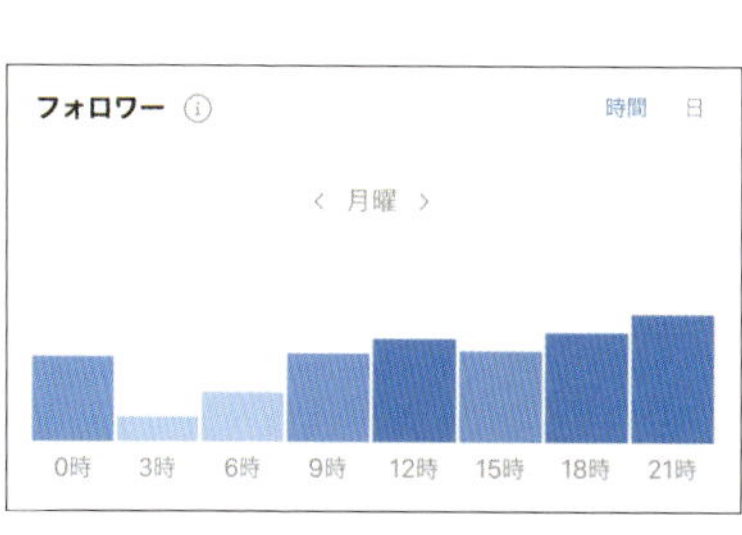

▲「インサイト」の「オーディエンス」タブにある「フォロワー」の項目

例えばこの画像を見ると、夜中の3時前後や朝の6時前後の時間は、Instagram上にユーザーが少ないことがわかります。この時間帯に投稿しても、見てくれる人が少ないということです。

前述のフィードの仕組みに、「timeless（新しさ）」がありました。これは、新しい投稿の方を優先するという仕組みです。違う言い方をすると、**古い投稿は表示されにくくなる**ということです。

夜中3時の時点で新しかった投稿は、次に人が集まってくる9時以降の時間には古い投稿になっています。ということは、優先表示されないまま（フィードの上部に上がってこないまま）、フォロワーの目に触れることなくフィードから姿を消すことになるのです。

このインサイトの画像を見れば一目瞭然ですが、**「21時前後の時間帯」**が、最もユーザーが多い時間帯になります。この時間にInstagramへのアクセスが集中するので、そこに合わせて投稿するとよいでしょう。

アカウントによって、ターゲットにしているユーザーが異なるので、このインサイトの時間の波も若干変わってきますが、おおよそどのアカウントも、同様の曲線を描くと思います。

ただし、必ずしもこの時間に合わせる必要がない場合もあります。例えば飲食店なら、ターゲットユーザーのお腹が空いていそうな12時前や18時台などの時間を狙ったり、女性向けのダイエットグッズであれば、体型が気になり始める夏前の時期で、かつ、自分の体型が目に入ってしまう入浴後の時間帯（20時〜23時頃）が適切だったりする等、**扱っている商材、ターゲット、目的などに合わせて、投稿するタイミングを決めていきましょう**。

06

通常投稿は「2日に1回」が鉄則

適切な投稿時間帯がわかったところで、次は投稿回数について解説します。

前述したようにInstagramでは、頻繁な投稿を理由にアカウントの評価を下げられるようなことはありません。量より質重視の仕組みが採用されているFacebookに比べると、Instagramは投稿頻度は多くてもよいと言えます。

ちなみにFacebookでは、エンゲージメントを生まない投稿を続けると、アカウントの評価が下がってしまうため、なんでも投稿するのがよいとは言えない仕組みに近年なってきていますので注意しましょう。

ただし、いくらInstagramでは投稿頻度が多くてもよいとは言っても、通常投稿以外にも、ストーリーズなど他に投稿しないといけないものもあります。その上、

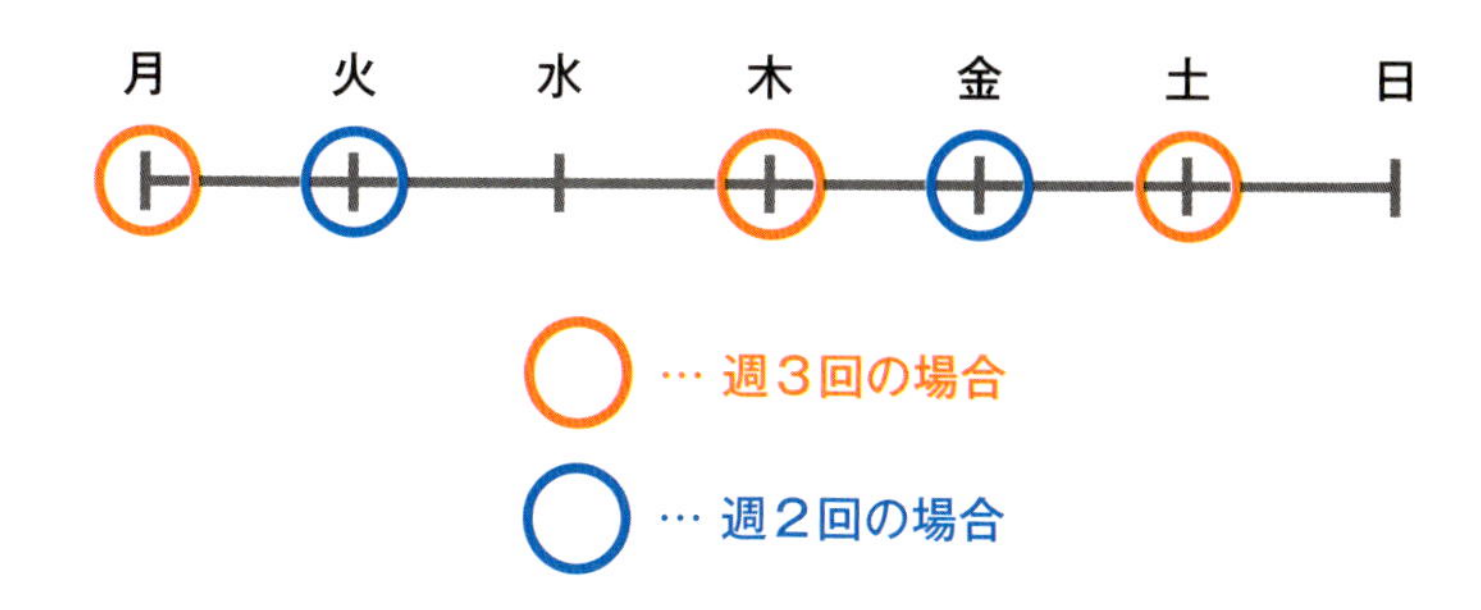

▲ 週における投稿回数の例

プロフィールページがカタログ化することで、クオリティの低い投稿を残すわけにはいかないという性質上、1日に何度も通常投稿をするのは、投稿者の負担として難しいと言えます。

そこで、ここまでにご紹介したフィードの仕組みや、投稿者の負担など様々な事情を考慮した上で、本書でおすすめする**通常投稿の適切な回数は、2日に1回程度**と言えます。週で数えると、少なくとも2回、できれば3回は通常投稿を行うことをおすすめします。

07 ストーリーズは「1日1回以上」が鉄則

次に、ストーリーズの適切な投稿回数について解説します。

前述のように、フィードの仕組みとして、頻繁な投稿によってアカウントの評価が下がることはありません。その上ストーリーズは、投稿が下に連なっていく通常投稿とは違い、何度投稿しても1つのアイコン内に投稿が溜まっていくようなイメージになっています。そのため、投稿回数を多くしても、うっとうしいと感じられることが少ないと言えます。そこで本書では、**ストーリーズは1日1回以上の投稿をおすすめします**。

Instagramをはじめとする SNS を活用すべき理由の1つに、「ザイオン効果」を期待する側面があります。**ザイオン効果とは、人は接触回数が多いとそれだけ親**

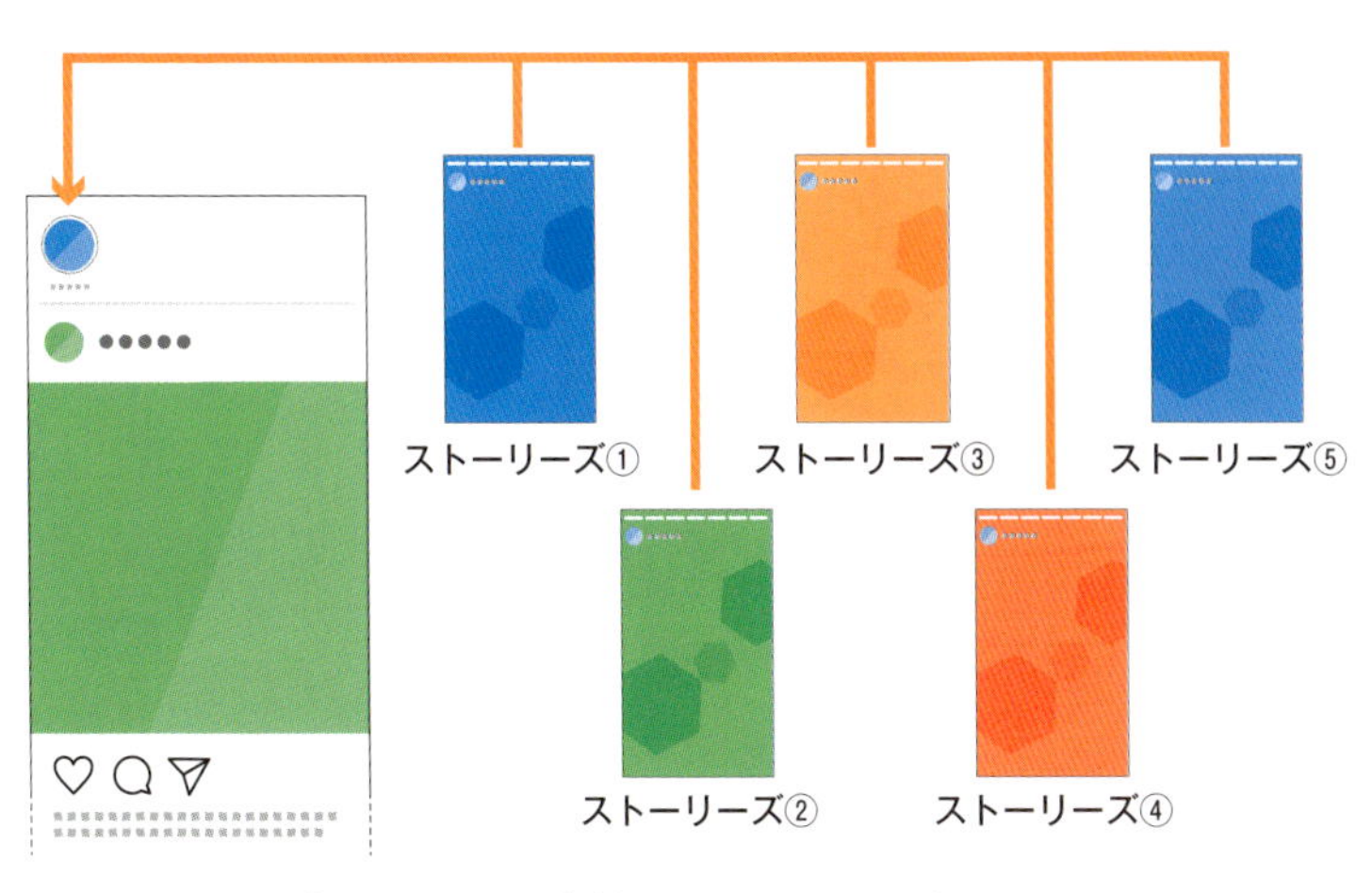

▲1つのアイコン内にストーリーズが溜まっていくイメージ

近感を増すという現象のことです。その親近感の強さが、Instagram運用の目的である入口商品への誘導に大きく作用するという考え方です。

ストーリーズを投稿することによって、自分のアカウントのアイコンが、通常投稿のフィードとは別枠の、上部のストーリーズのフィードに上がってきます。たとえストーリーズの中身を見てもらえなかったとしても、**アイコンが視界に入ることで、ザイオン効果が期待できる**のです。

ただし、1日1回以上とは言っても、あまりに回数が多すぎるのも考えものです。

ストーリーズの上部に表示されるストーリーズの数を示すバーが、線ではなく点に近くなるなど、1日に何十個もストーリーズが重なると、ユーザーは見る気が失せてしまいます。

それでは、ストーリーズは1日何回くらいまでを上限にすればよいのでしょうか。これはInstagramの仕組みの話ではなく、弊社のクライアント数十社や、私のInstagramのストーリーズで取ったアンケートの結果ですが、**1日に3~7回程度までなら許容範囲内だという意見が多かった**です。ハイライト作成のためなど特別な理由がない限り、常時表示されているストーリーズの投稿が、多くても7個前後になるよう、投稿しすぎないように注意しましょう。

ストーリーズには、アンケートの機能や質問をする機能なども充実しています。これらを活用して双方向のやり取りを行い、反応を集められると、フィードの仕組みとして

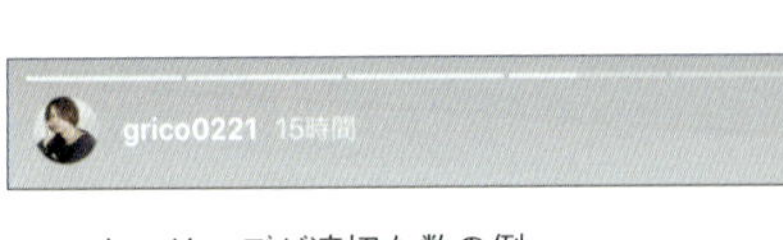

▲ストーリーズが適切な数の例

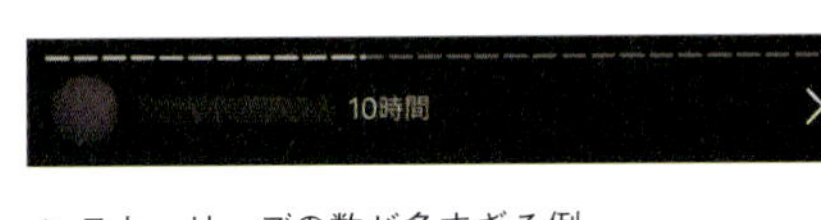

▲ストーリーズの数が多すぎる例

も、ユーザーとの関係値が上がり、お互いの投稿が優先表示されやすくなる効果があります。ぜひ積極的に活用してみてください。

投稿回数の話の最後に、IGTVの投稿回数についても触れておきます。IGTVは、通常投稿とストーリーズに比べると現状中心となる投稿手法ではありません。通常投稿で1分を超える長尺動画をアップする際に、自動的にIGTVにシェアされるものなので（プロフィールへの表示は任意）、特に適切な回数としてお伝えする回数はありません。

IGTVの投稿内容については後述しますが、基本的にはIGTVに投稿できる動画が完成すれば投稿する、というスタンスで問題ないかと思います。

投稿回数について、いかがでしたでしょうか？　これまで投稿頻度が多すぎた、少なすぎたなど、様々あるかと思いますが、今日以降は本書でお伝えした投稿回数で、ぜひ運用を進めてみてください。

08 有形商品を扱う業種は「ショッピング機能」を導入する

ここで、2018年6月に日本でも実装された「ショッピング機能」についてご紹介します。これは、**通常投稿やストーリーズに、自社のECサイトなど商品を購入できるページへのリンクを直接張ることのできる、非常に便利な機能**です。ユーザーが投稿を目にしてから購入するまでの導線がシームレスでわかりやすいため、購買促進の強力な手段となります。ちなみに、執筆時現在はスマートフォンからのアクセス時のみ利用できる機能で、パソコンからのアクセス時には利用できない機能となっています。

ショッピング機能の導入は、必要な要件を満たした上で審査を通過しなければなりません。しかし、**物理的な有形商品を取り扱う業種では、必ず導入するべき機能**と言えます。

現在のショッピング機能は、主に有形商品を販売している業種しか導入することはできませんが、Instagramは「Instagramではこの機能のテストを続けており、近い将来、より多くのアカウントに提供範囲を拡大したいと考えています。」と発表しています。そのため無形商品を扱っている業種の方も、今後のInstagramの動向には注目しておいてください。

ショッピング機能付きの投稿は、現在、次のような形になっています。

①左下にカバンマークがある投稿画像をタップすると、下の画面のようにふき出しが出てきます。そのふき出しをタップします。

②そのアカウントの他のショッピング投稿や、購入ページへ飛べるリンクなどが表示されます。

▲ @botanist_official
©BOTANIST

③「ウェブサイトで見る」をタップします。

④ECサイトが開き、ここから商品を購入できます。

現在アメリカでは、さらに新しい機能が実装されています。それは、あらかじめ支払い情報を登録しておくことで、**ユーザーを外部のウェブサイトへ誘導することなく、Instagramアプリ内で商品を直接購入できるようになる**といった機能です。現時点では、**「Checkout（チェックアウト機能）」**と呼ばれています。これが日本でも実

装されると、もはやECサイトは必要なくなり、Instagram内で買い物が完結してしまうことになります。このようにショッピング機能には、次々に便利な機能が実装され、盛り上がりを見せています。有形商品でECをされている業種の方は、すぐにショッピング機能を導入することをおすすめします。

なにより、自社商品に興味をもってくれるお客様にとって、Instagramの通常投稿やストーリーズからそのまま商品を購入できるというのは、わかりやすく非常に便利です。運営側にとっても、大手のECプラットフォームと比較して高額な出店料などの費用が必要なく、自社サイトへ直接誘導できるので、無駄な費用や手間がかかりません。

このショッピング機能の導入にあたって必要な要件については、今後も変わっていくことが予想されるため、本書ではあえて掲載していません。次ページのURL（QRコード）から、最新の情報をご確認いただければと思います。また、「Instagram ショッピング ヘルプ」などと検索エンジンで検索していただくと、公式のヘルプページが出てきます。そこから最新の情報を確認することができます。

●**Instagramのショッピング機能**

https://help.instagram.com/191462054687226

09 おさえておきたい「4種類の投稿」を知る

次に、投稿の種類について解説します。InstagramをはじめとするSNSの投稿は、次の4種類に分けられます。

- **直接宣伝型投稿**
- **間接宣伝型投稿**
- **情報提供型投稿**
- **日常型投稿**

これら4種類の投稿を、ターゲットや業種などに合わせて使い分ける必要があります。次節以降で、通常投稿やストーリーズなどの手法ごとに詳しく解説しますので、ここでは各投稿の定義や概要だけを把握しておいてください。

直接宣伝型投稿

間接宣伝型投稿

情報提供型投稿

日常型投稿

▲ 4つの投稿の種類

まずは、「直接宣伝型投稿」から解説していきます。

これは、商品の概要や価格を記載して購入ページに誘導するような、明確に宣伝色が出ている投稿を指します。例えば、前節のショッピング機能付きの投稿はこれに当たります。

次に、「間接宣伝型投稿」です。

これは、基本的に宣伝を嫌うSNSという場に合った、最もSNSらしい投稿と言えます。明確な宣伝はせず、宣伝したい商品やサービスが写真に写っていることでその世界観を表現したり、商品名やサービス名などがさりげなく文

中に登場したりするような投稿です。

例えば、UGCの活用や「お客様の声」という形で自社商品を使用した実際のお客様の感想を伝えるような投稿は、商品の価格や詳細を記載するといった明確な宣伝とまではいえないものの、自社商品の話はしているので、間接宣伝型投稿に当たります。

間接宣伝型投稿は、実際の投稿を見ていただいた方が伝わりやすいと思うので、次節以降で実際の例を紹介させていただきます。

次は、**「情報提供型投稿」**です。

これは、フォロワーやフォロー前のターゲットユーザーが、**「読んで役に立った」と感じてもらえるような投稿**のことです。「自分にとってメリットがあるアカウントだ」と感じてもらえれば、フォローを継続してくれ、信頼を得られます。文章や動画はもちろん、画像で情報提供型投稿をするのもおすすめです。こちらも次節以降で詳しく解説します。

最後は、**「日常型投稿」**です。

前述の3つのどれにも当てはまらないような、アカウントの〝中の人〟の人間性を出した投稿や、スタッフ紹介、季節感の感じられる投稿など、**アカウントに対する親近感を演出する、箸休め的な役割を担う投稿**です。ちなみに〝中の人〟とは、企業やブランドのSNSアカウントを運用している担当者のことを言います。

Instagramの投稿には、以上の4つの種類があります。

これら4種類の投稿は、写真についてだけではなく、文章に対しても適用される話です。仮に、同じ画像でも、文章次第で投稿の種類は変わってくるということです。

次節からは、このあたりをもう少し深く掘り下げていきます。

10 通常投稿の投稿事例その①「直接宣伝型投稿」

前節でご紹介した4種類の投稿を、通常投稿では実際にどのような形で投稿していくのか、ここでは実際の事例を交えながら解説していきます。

まずは通常投稿の直接宣伝型投稿の例です。前述のように、**ショッピング機能付きの投稿**は、これに当たります。次ページでご紹介している投稿は、ショッピング機能による画像のタップから詳細情報を確認できるため、キャプション部分の文章は長文にせず、ハッシュタグを用いたシンプルなものになっています。ショッピング機能を使えるアカウントは、このように直接宣伝型の通常投稿がスムーズに行えます。

それに対して、ショッピング機能が使えないアカウントの通常投稿の場合、Instagramでは投稿の文中にＵＲＬを貼ってもリンク化しないため、**「プロフィールページのＵＲＬからご注文ください」といった形で、プロフィールページに貼ってあるＵＲＬに誘導する**ことになります。ちなみに、通常は文中にＵＲＬを貼っても外部サイトにリンクできませんが、Instagram広告を使うと、投稿から特定のＵＲＬにリンクさせることができます。

▲ ショッピング機能が付いた直接宣伝型投稿の例
@708works_guitarstrap
©708works

11 通常投稿の投稿事例その② 「間接宣伝型投稿」

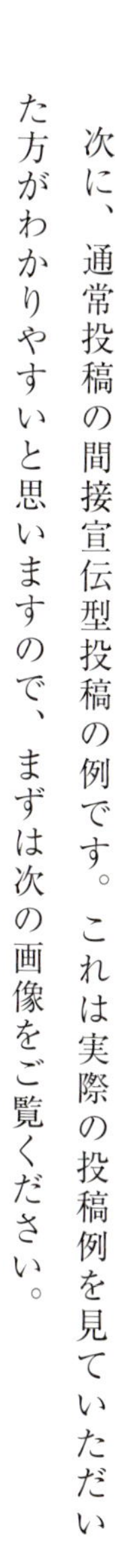

次に、通常投稿の間接宣伝型投稿の例です。これは実際の投稿例を見ていただいた方がわかりやすいと思いますので、まずは次の画像をご覧ください。

▲ 世界観を表現した間接宣伝型投稿の例
@botanist_official
©BOTANIST

この投稿では、商品が写真に写ってはいるものの、ショッピング機能も付けられておらず、宣伝色を感じる文章も書かれていません。ただ、**商品の世界観を表現することに徹している投稿**だと言えます。このような投稿を、私はクライアントとの間で**「世界観投稿」**と呼んでいます。

この間接宣伝型投稿は、プロフィールページに表示される1枚目の写真（動画であればカバー画像）で、アカウントの世界観、ひいては、商品自体・自社自身・ブランド自体の世界観を表現しながら、**宣伝したい商品の存在を見込み客に刷り込んでいく**という目的のものです。

何かを販売する場合、商品自体の機能や効果はもちろん重要なのですが、Instagramでは、それらよりも**「この商品を持っている自分」「この商品がある生活」「この場所にいる自分」**を投稿から連想させ、「ほしい」と思わせることが大切です。

見込み客であるフォロワーの中で、**ニーズが顕在化したタイミングで一番最初に思い浮かんだ企業やブランドが勝つ（ユーザーに選ばれる）**のです。これが

Instagramにおける集客の本質です。そのためには、継続的にフォローをしてもらい、投稿を見続けてもらうことで、フォロワーの記憶に残る必要があります。**投稿を見続けてもらうには、避けられがちな宣伝色は抑えて、世界観・雰囲気を伝えるこのような間接宣伝型投稿が必要**なのです。

前述したInstagramキャンペーンで収集した**UGCを活用する投稿**も、この間接宣伝型投稿に当たります（P.109参照）。

▲収集したUGCを活用した間接宣伝型投稿の例
@beautyarmor_official
©BJC

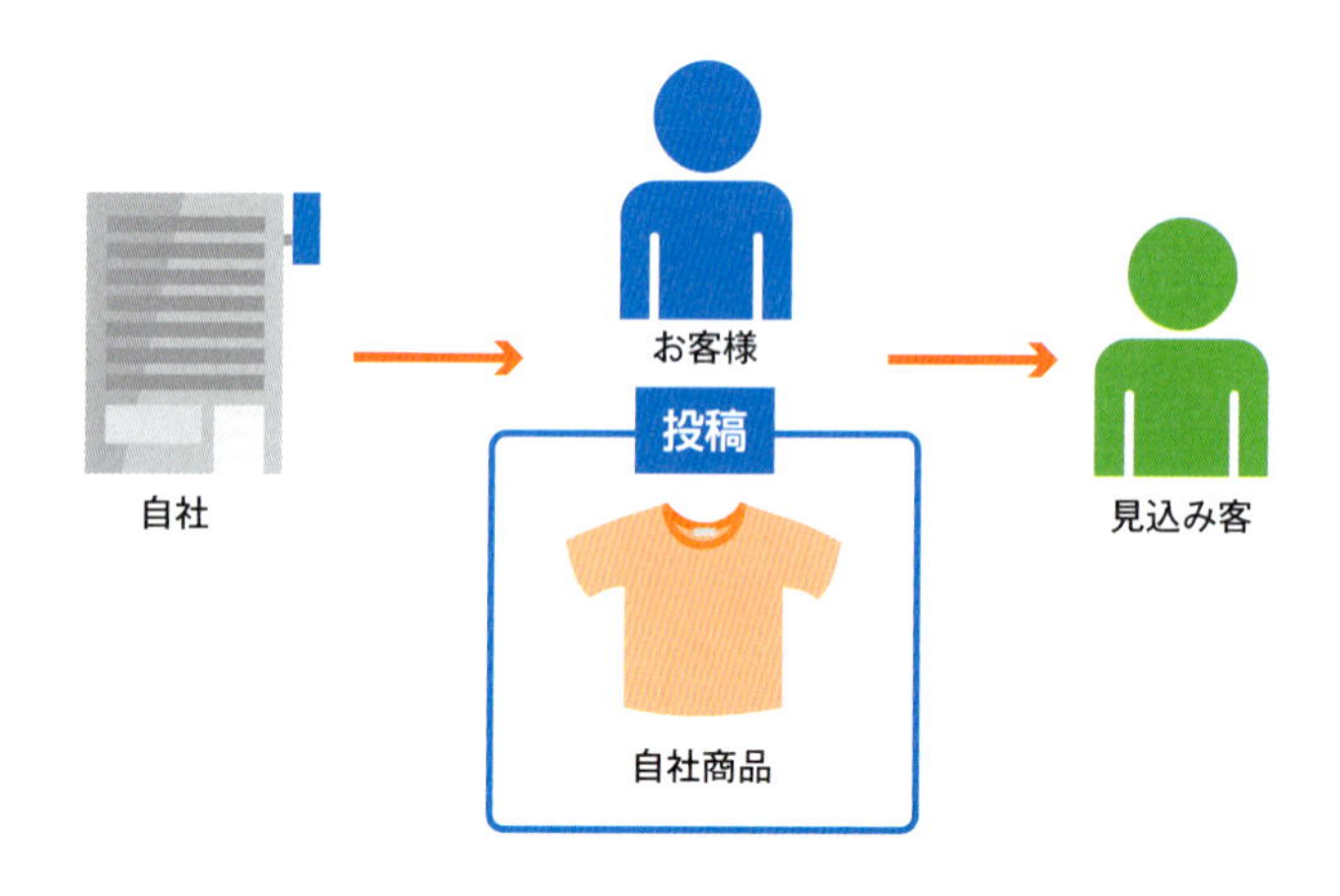

▲ 遠回しに自社商品の宣伝をしている

このUGC投稿は、お客様の投稿を一方的にリポストする形ではなく、実際のお客様から写真をいただき、写真と一緒にいただいた感想を投稿しているものです。直接的に、「この商品はどういう効果があって、どういう価格で、どこで販売していて…」といった宣伝色のある紹介は行っていませんが、実際のお客様が「よい」と言っている事実を投稿することで、**遠回しに自社商品の宣伝をしている**というわけです。この「遠回し」という部分は、間接宣伝型投稿のキーポイントとなります。

「遠回し」というキーワードから、もう1つ事例をご紹介します。ご紹介するのは、弊社の支援先である「ミント神戸」という神戸の中心地三宮にある商業施設のアカウントの投稿です。単なる施設内の店舗やイベントの告知をしてしまうと、Instagramのユーザーが嫌う宣伝色が出てしまう上に、「この商品を買うためにミント神戸に行く」ということになってしまいがちです。それでもよいのですが、その商品やイベント目当てのユーザーは、公式サイトなど他のツールからの流入も見込めるため、わざわざInstagramから狙うことはしていません。

では、Instagramではどのように投稿をしているかと言うと、**配信する投稿にストーリー性を出し**、「ミント神戸っておしゃれ」「ミント神戸で買い物をしたい」というように、〝商品目当て〟だけではなく、**ミント神戸にいる自分をイメージしてもらい〝この場所で時間を過ごすことを目当て〟にしたお客様が来館していただけるような工夫**を行っています。

具体的には、次のような投稿を行っています。

1 館内に設置している刊行物を見ている大人のカップル（施設内刊行物の間接宣伝）

2 「このお店から回ろう」と決める（施設内刊行物の間接宣伝）

3 目的のお店に到着して買い物を開始（施設内店舗の間接宣伝）

4 引き続き買い物を楽しむ（施設内店舗の間接宣伝）

5 お支払いのときはポイントカードも忘れずに（ポイントカードの間接宣伝）

6 買い物に疲れたら休憩スポットへ（施設自体の間接宣伝）

7 買い物が一通り終わったのでグルメフロアへ（施設自体の間接宣伝）

これは1つの投稿ではなく、全て別の投稿で行う方が、投稿数も稼げるのでおすすめです。このような形で、間に施設内の店舗紹介をうまくはさみ込みながら、ストーリー性を意識した間接宣伝を行っています。

12 通常投稿の投稿事例その③
「情報提供型投稿」

次は、通常投稿の情報提供型投稿です。この投稿は、名前の通りなのでわかりやすいかと思います。文章や画像、動画を使って、**ターゲットユーザーに役立つ情報を配信する形の投稿**です。

Instagramでは特に長文が読まれにくいので、下の事例のように、可能であれば動画で表現することをおすすめします。書籍では静止画としてしか表現できないため、ぜひ、アカウントにアクセスして実際の投稿をご覧ください。

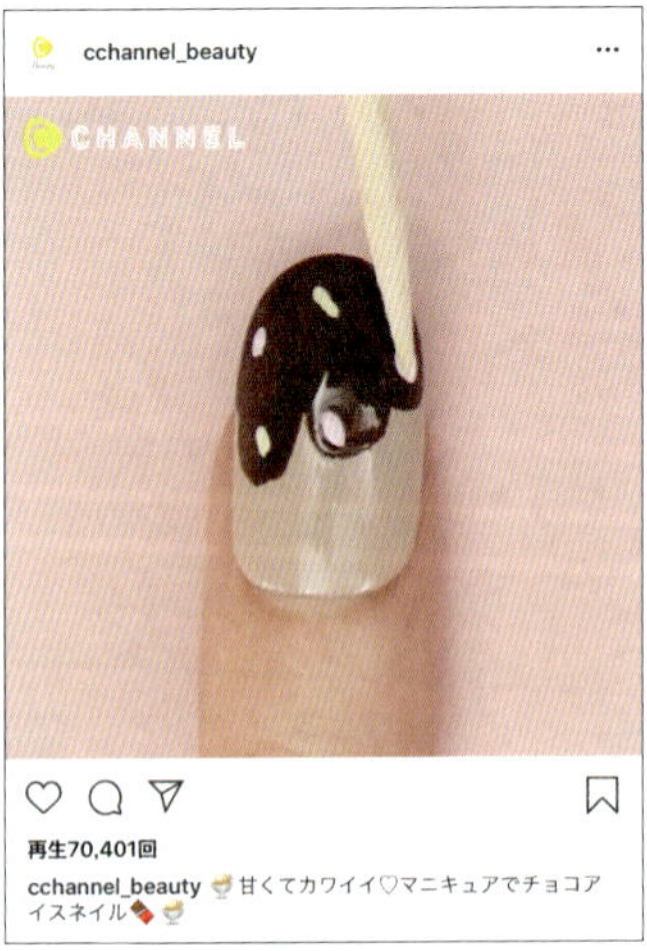

cchannel_beauty
再生70,401回
cchannel_beauty 甘くてカワイイ♡マニキュアでチョコアイスネイル

▲ 動画を使った情報提供型投稿の例
@cchannel_beauty
©C CHANNEL

通常投稿であれば、60秒までの動画が投稿できます。ここでご紹介した事例は、セルフネイルの方法を動画で紹介した情報提供動画です。定期的にネイルを自分で行っている女性にこの動画が届けば、「役に立った」と感じてもらえるため、新規フォローや入口商品の販売につながっていく可能性があります。

また、プロフィールページの世界観を壊さない範囲で画像に文字を入れ、それを左にスワイプする形で続きが読めるようにするパターンもよいでしょう。こうすれば、キャプション欄に長文で文章を書く必要がなく、画像をスワイプすることで楽しく読み進められます。

次の事例は、弊社（株式会社ROC）の投稿事例です。堅苦しくならないように、公式キャラクターを登場させています。このアカウントでは、**情報提供型投稿に特化**し、SNSについて気軽に学んでいただけるアカウントを目指しています。

「無形商品を扱っているため、Instagramでの表現が難しい」と感じている方

こそ、この情報提供型投稿を活用してみてください。弊社も無形商品を扱う業種ですが、ここでご紹介した投稿事例のように複数枚の画像で情報提供を行ったり、動画で情報提供を行ったりすることで信頼を獲得し、問い合わせへとつながっていくのです。

▲ 画像に文字を入れた情報提供型投稿の例
@rocinc_official
©ROC

13 通常投稿の投稿事例その④「日常型投稿」

通常投稿の事例の最後に、日常型投稿の事例をご紹介します。アカウントの中の人の日常やスタッフ紹介、SNSで反応のよい季節感のある投稿など、**人間味を感じさせる投稿をすることで、親近感を演出する種類の投稿です**。

botanist_official

「いいね！」840件
botanist_official 【Autumn mood ... 🍁】
外には小さな秋がたくさん。
秋のかけらを見つけながら、ゆっくりと変わる季節の変化を楽しもう♪

Small pieces of autumn is just outside. Let's enjoy the slow change of the season while looking for it's small autumn fragments.
#botanist #ボタニスト #botanicalme #ボタニカルライフスタイル #botalife #closertonature #green #greenlife #autumn #シンプルな生活 #🍁 #seasons #小さい秋
@botanist_official

▲ 季節感のある日常型投稿の例
@botanist_official
©BOTANIST

ただし、あくまでもアクセントの１つとして箸休め的に使用する投稿なので、この種類の投稿が多くなってしまい、本来のInstagram運用の目的を見失わないように注意しましょう。前のページで紹介した日常型投稿は、「ボタニスト」のアカウントから実際に配信された投稿です。商品であるシャンプーの話はせず、秋を感じさせる写真と文章になっています。これを見たユーザーは、「このアカウントを運用している方も、今同じ季節を感じているんだな」と共感が生まれることで親近感がわき、それが今後の投稿のエンゲージメントにも影響してきます。

なお、**通常投稿で日常型投稿を行う場合、その割合は、１割程度に抑えるべきです**。投稿の割合については、まんべんなく投稿する必要はなく、例えば情報提供型投稿に特化したり、直接宣伝型投稿と間接宣伝型投稿で通常投稿はカタログ化し、日常型投稿をストーリーズで配信してハイライトでまとめるなど、業種や扱う商材、ターゲットによっても変わってきます。いろいろな投稿を試しながら、インサイトも活用して反応がよい投稿を見極め、４種類の投稿を使い分けてください。

14 ストーリーズの投稿事例その①「直接宣伝型投稿」

ここからは、ストーリーズで使う投稿の種類と、その事例について解説していきます。

まずは、ストーリーズを使った直接宣伝型投稿です。24時間の間しか表示されないという性質上、ストーリーズでは、タイムリーな内容を投稿するのが向いています。**通常投稿ではプロフィールページの世界観を壊すためにできないような、宣伝色の強い投稿をストーリーズでは行う**ようにするとよいでしょう。例えば、期間限定で行うセールやバーゲンのポスター画像などです。

このようなポスターやチラシなどの画像は明らかな宣伝色を感じるため、プロフィールページでは浮いてしまう可能性があります。世界観の作り方によっては絶対にNGというわけではないものの、プロフィールページの統一感を壊すと考えられる場合は、ストーリーズでの投稿をおすすめします。

他にも、ショッピング機能付きの投稿を通常投稿で行った場合に、それを投稿した旨をストーリーズでお知らせする、という使い方もストーリーズを使った直接宣伝型投稿になります。また通常投稿と同様、ショッピング機能付きのストーリーズ投稿も、もちろんこの直接宣伝型投稿に当たります。

▲ ストーリーズを使った直接宣伝型投稿の例
@fukuteba
© ふく手羽

15 ストーリーズの投稿事例その② 「間接宣伝型投稿」

次に、ストーリーズを使った間接宣伝型投稿についてご紹介します。**ストーリーズの間接宣伝型投稿では、イベント等の準備風景や商品の製作過程などのプロセスや裏側を見せる**ことがポイントになります。

例えば、イベントの準備風景を投稿して期待値を高めたり、イベント当日の裏側をライブ配信で中継するなど、プロセスや裏側を見せる配信をしていきましょう。ちなみにInstagramのライブ配信は、Facebookとは異なり、通常投稿ではなくストーリーズで行う形になります。

イベントでなくても、例えば飲食店でお客様にお届けする料理を作っている風景や盛り付けている様子などをストーリーズで投稿して、最終的に通常投稿で完成した料理を紹介することにつなげていく、という形で、ストーリーズから通常投稿への流れを作るのもおすすめです。

また、自社の商品やサービスについて発信してくれているユーザーの通常投稿を、ストーリーズでシェアするという使い方も、この間接宣伝型投稿に当たります。

▲ ストーリーズを使った間接宣伝型投稿の例（イベント開催中の様子を配信）
@mama_felissimo
©FELISSIMO

16 ストーリーズの投稿事例その③「情報提供型投稿」

次は、ストーリーズを使った情報提供型投稿です。

フォロワー1万人以上のアカウントや青いバッジが付いた認証アカウント、またはストーリーズを広告にかけるような場合、ストーリーズの画面を上にスワイプする形で、外部サイトへのリンクを付けられるようになります。しかし、通常のInstagramアカウントには、このようなストーリーズにリンクを付ける機能はありません。そのため、基本的に情報提供を行う外部サイトへストーリーズから導線を作ることはできません。

また、ストーリーズの動画は15秒までという制限があります。15秒以内の動画での情報提供は可能ですが、それを超える動画が必要になった場合、15秒単位で切って連ねていくと、ストーリーズの数が増えてしまい、ユーザーの見る気を損なう可能性もあります（P.152参照）。1つのストーリーズの中にタイプモードで長文を書くことも可能ですが、これも、自動で流れていくというストーリーズの性質上、よほど事前に興味を引いておかないと、長文をきちんと読んでもらうのは難しいでしょう。

では、ストーリーズにリンクを張れない通常のアカウントでは、ストーリーズを使ってどのように情報提供型投稿を作ればよいのでしょうか？　それには、次の2つの方法があります。

①情報提供型の通常投稿を自分のストーリーズでシェアする
②情報提供型のIGTVへのリンクを張ったストーリーズを作る

このように、**ストーリーズで通常投稿やIGTVをシェアすることで、ストーリーズの閲覧が中心になっているユーザーを情報提供型の通常投稿やIGTVに誘導することができる**のです。情報提供を目的とした、効果的なストーリーズの活用方法と言えます。

①

▲ 自分の情報提供型投稿の紙ヒコーキのマークから、自分のストーリーズに投稿をシェアすることができる

▲ ストーリーズの画像をタップすると、その投稿（通常投稿）にリンクさせることができる

②

▲ ストーリーズ作成時に、上部のリンクボタンをタップする

▲ 情報提供型のIGTVを選択し、ストーリーズを作成する

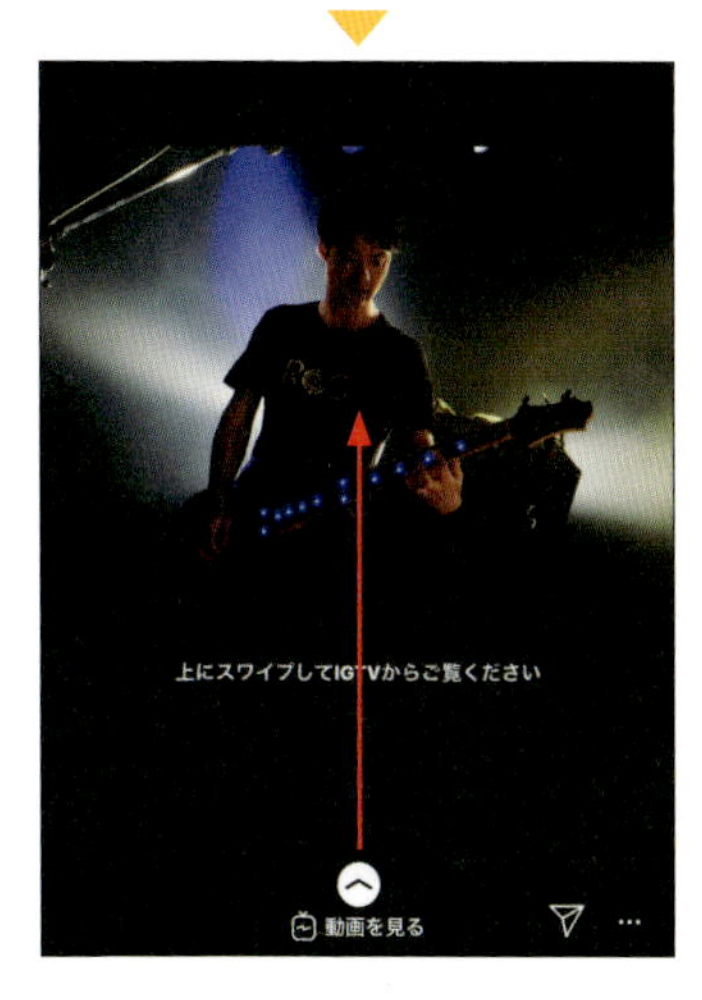

▲ ストーリーズの画面を上にスワイプすると、選択したIGTVへリンクする

17 ストーリーズの投稿事例その④「日常型投稿」

最後に、ストーリーズを使った日常型投稿についてご紹介します。ストーリーズによる日常型投稿は、季節感のある内容など中の人の日常をアカウントの世界観を崩さない範囲で投稿したり、緊急を要するような内容を投稿したりすることが、日常型投稿の中心になってきます。

次の例は、台風や地震など近年多い災害によって、臨時休業や営業時間の変更をする際に行ったストーリーズ投稿の例です。

【営業時間変更のお知らせ】

明日の夜に接近の恐れがある台風10号に備え、当店では明日の営業時間を15時までとさせていただきます。

皆様もご用心くださいませ。

▲ストーリーズを使った日常型投稿（緊急性のあるお知らせ）の例

▲ストーリーズを使った日常型投稿（季節感のある内容）の例

24時間で消えるという性質から、**タイムリーな今現在の情報をアップするのがストーリーズの役割**でもあります。通常投稿でプロフィールページにずっと残しておく必要はないけれど、今すぐフォロワーに届けたい緊急性のあるこのような内容の投稿は、ストーリーズの性質に合った日常型投稿に分類される投稿であると言えます。

ストーリーズでの投稿事例の紹介はここまでです。次節では、IGTVで何を投稿するべきかについて、お伝えしていきます。

18 IGTVでは「間接宣伝」「情報提供」を投稿する

続いて、IGTVの投稿事例についてご紹介します。

まずは、再度、IGTVの概要についておさらいしておきましょう。

IGTVは、15秒~10分の動画を投稿可能な動画サービスです（認証アカウントなど一部のアカウントは60分まで可）。

スマホの画面に合わせた**縦型動画**で、YouTubeのように1つ1つ読み込む形ではなく、次の動画へスワイプでサクサク移動できるのが特徴です。このような「他の動画へ移りやすい」という仕組みから、**まずはカバー画像で目に止めてもらい、さらに最初の数秒で興味を引き付けることのできる構成が必要**と言えます。

基本的にIGTVは、通常投稿の60秒やストーリーズの15秒では足りない、長めの動画を投稿するものです。また単に長いというだけではなく、「TV」というだけあって、きちんと作り込まれた動画が多いのが現状です。

そして前述の投稿の種類でいうと、IGTVでは、通常投稿とストーリーズとは異なり、基本的に**「間接宣伝型投稿」「情報提供型投稿」のみを投稿していくこと**になります。

まずは、IGTVを使った間接宣伝型投稿からご紹介します。

例えば、商品の製造過程や開発者のインタビューなどを動画で撮影してブランドのイメージを伝えるなど、通常投稿やストーリーズの短い動画では伝えきれない世界観を表現する例です。

DiorのIGTVは、まさにこの間接宣伝をうまくしている事例なので、ぜひ「@dior」と検索して直接ご確認ください。

普通は見ることのできない商品ができあがるまでの製造過程を見せることで、**ユーザーに共作しているような意識を持ってもらい、ブランドに対する愛着や親近感につなげていく**ことができます。

次に、IGTVを使った情報提供型投稿の例です。

▲ IGTVの間接宣伝型投稿の例
@dior
©Dior

こちらも、通常投稿やストーリーズの短い動画では伝えきれない、ターゲットユーザーに喜ばれるような情報提供を動画で伝えていきます。

▲ IGTVの情報提供型投稿の例
@cchannel_food
©C CHANNEL

この動画では、お菓子の作り方を縦型動画でわかりやすく解説しています。C CHANNELは、「food」「beauty」「girls」「shopping」など、様々なジャンルに分けてアカウントを運用しています。そのほとんどが、情報提供の軸で運用されているものです。ぜひこちらも直接ご覧ください。

投稿事例の紹介は、ここまでです。日々なんとなく投稿をするのではなく、ここでご紹介した投稿事例を参考にしながら、各投稿はどの種類の投稿に当たるのかを把握し、それぞれの投稿にしっかり目的を持たせて運用をしていってください。

19 「投稿スケジュール」で定期的な投稿を継続する

前節までで、投稿の種類や各投稿事例をご紹介しましたが、そもそもInstagramは、どれだけよい内容の投稿を作っても、それが月1回など少なすぎる投稿回数だったり、不定期の投稿頻度では、ファンは増えず、フォロワーも増えません（投稿タイミングや投稿回数は、前述した通りです）。

Instagramは、**定期的な投稿を継続しなければ成果は出ない**のです。当たり前と言えば当たり前なのですが、なかなかこの当たり前の「定期的な投稿を継続する」ことができていないアカウントが多いのが実情です。

それはなぜかというと、多くの場合、「今日は何を投稿しよう？」という行き当たりばったりの状態だからです。**今日投稿する内容を今日決めていたのでは、当然長くは続きません**。

Instagramをはじめとする SNS において、定期的な投稿を継続するポイントは、**投稿スケジュールを作成すること**です。弊社のクライアントにも、「必ず投稿スケジュールを作ってください」とお伝えしています。

弊社では、エクセルに似た、Googleの**「スプレッドシート」**という表計算ツール、もしくは**「Trello（トレロ）」**というタスク管理ツールで投稿スケジュールを作成し、常に最新の状態をお客様との間で共有できるようにしています。

これらはいずれも、無料で使えるサービスです。有料のサービスで投稿スケジュールを管理できるものもあるかもしれませんが、本書では、どなたでもお使いいただける無料ツールでの管理方法をお伝えします。

● スプレッドシート

まずは、スプレッドシートでの投稿スケジュール作成からご紹介します。実際に投稿スケジュールをスプレッドシートで作ると、このような形になります。

stagram投稿内容（タイトルのみ）	投稿作成前に必要な内容・素材	広告	広告の目的	広告ターゲット	広告期間	広告費
桜が咲きました	会社前の桜の木の写真	配信済み	プロフィール誘導	福岡市から半径30km/20歳〜65歳/女性	4/3〜4/6（4日間）	¥2,000
						¥2,000

▲ 月ごとに投稿スケジュールや広告費などを一覧化しているシート❶

月ごとに投稿スケジュールや広告費などを一覧化しているシート❶と、実際の投稿に入れる文章・画像・ハッシュタグなど内容部分を記したシート❷。この2つのシートで1月分となります。

❶のシートには、**日付（投稿時間もあるとなおよい）、曜日、前述の投稿の種類、投稿内容（タイトルのみ）、広告の目的、広告ターゲット、広告費、投稿や広告が完了しているかどうかがわかる欄など**があります。

投稿予定日	4月3日	
投稿画像		
投稿文章	＼桜が咲きました／ オフィス前の桜が開花🌸 新入社員も入社し、賑やかな社内は、春であふれています♪ 皆様にも、よい春が訪れますように😊	
ハッシュタグ	#春 #cherryblossom #桜 #開花 #桜色 #桜の花 #桜の木 #桜好き #桜の季節 #さくら #sakura #japan #花 #spring #flower #お花見 #instagood #サクラ #ピンク #花見 #flowers #pink #日本 #かわいい #写真好きと繋がりたい #入社式 #新入社員 #九州 #福岡 #福岡市	❷

日付	曜日	Instagram	投稿種類
2019/04/01	月		
2019/04/02	火		
2019/04/03	水	投稿済	日常型投稿
2019/04/04	木		
2019/04/05	金		
2019/04/06	土		
2019/04/07	日		
2019/04/08	月		
2019/04/09	火		
2019/04/10	水		
2019/04/11	木		
2019/04/12	金		
2019/04/13	土		
2019/04/14	日		
2019/04/15	月		
2019/04/16	火		
2019/04/17	水		
2019/04/18	木		
2019/04/19	金		
2019/04/20	土		
2019/04/21	日		
2019/04/22	月		
2019/04/23	火		
2019/04/24	水		
2019/04/25	木		
2019/04/26	金		
2019/04/27	土		
2019/04/28	日		
2019/04/29	月		
2019/04/30	火		

▲ 実際の投稿に入れる画像・文章・ハッシュタグなど内容部分を記したシート❷

❷のシートには、**実際に投稿する画像、文章、ハッシュタグ**を入れています。

多くの方がエクセルの利用には慣れているため、スプレッドシートを使うことも多いのですが、新しいツールを使うことに抵抗がない方には、「Trello（トレロ）」で管理することをおすすめしています。

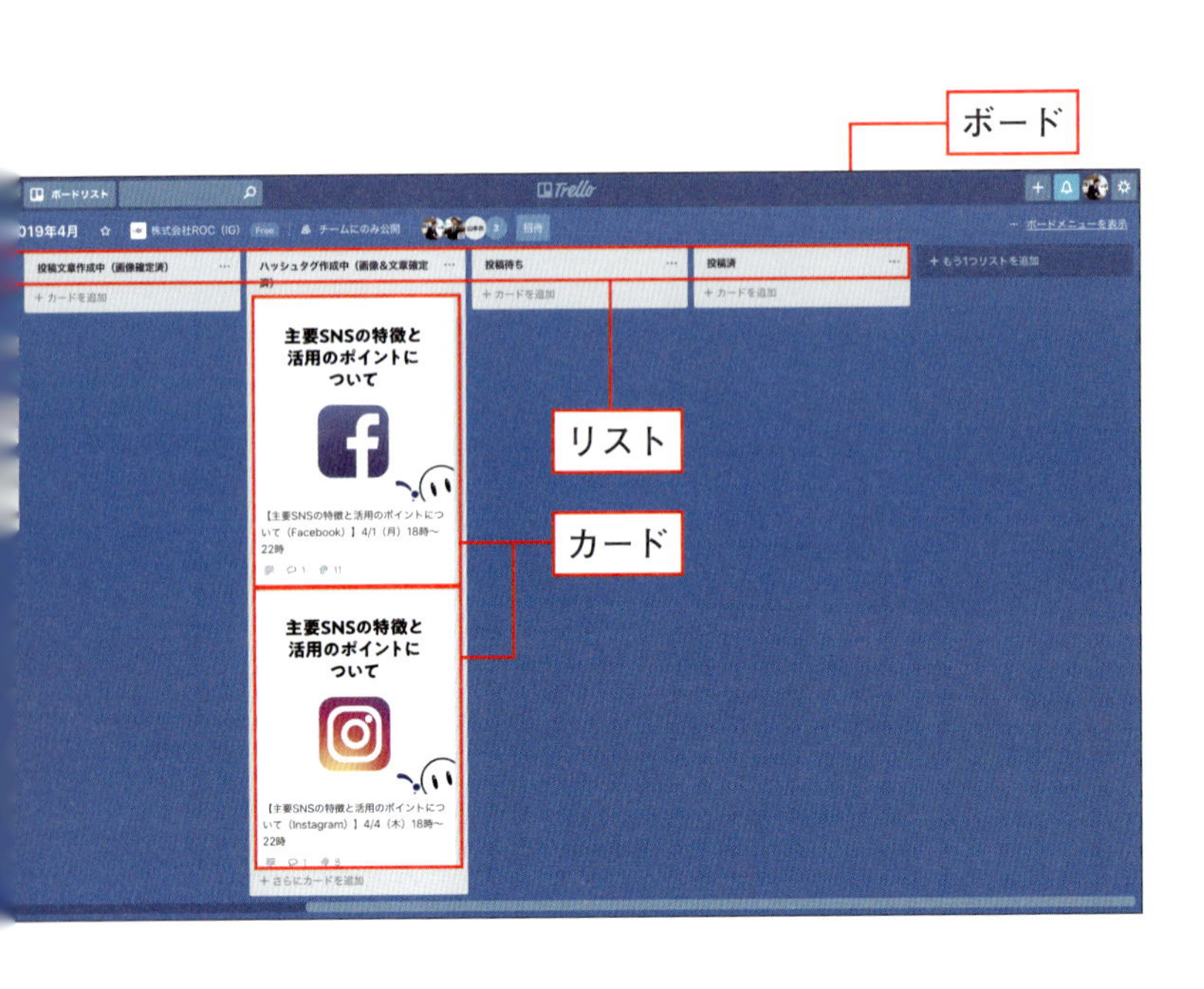

●Trello（トレロ）

Trelloは、ボード・リスト・カードという階層になっており、**月ごとにボードを作成し、その中のリストに投稿ができあがるまでの段階を入れています**。そのリストの中にカードがあり、**カードの中に実際の投稿内容（文章・画像・ハッシュタグ・広告出稿の有無などの詳細）を入れています**。

このカードは簡単に動かせるので、そのカードの投稿が現在文章作成中なら「文章作成中」のリストに置いておく、すでに投稿済みな

▲ Trello（トレロ）のカードの中身

▲ Trello（トレロ）のボード

ら「投稿済み」のリストに置いておくといった形で、**今どの投稿がどのような状況なのかを一目でわかるようにしています**。

ただ、一覧で見るにはやはりスプレッドシートの方が見やすく、スプレッドシートはエクセル同様、セルに式を入れられるため、消化した広告費の計算なども自動で行ってくれるなど便利な点は多々あります。その反面、スプレッドシートはパソコンでは使いやすいのですが、スマートフォンからは扱いづらい部分があります。

例えば、パソコンでスプレッドシートの中に入れた画像を、スマートフォンからダウンロードすることは現在の仕様ではできません。そのため、例えばDropboxなど別のツールで画像を管理し、スプレッドシートには「Dropboxのどこにこの日に使う画像が入っているのか」ということを別途記載しておく必要があります。

画像の扱いに関して、「Trelloの場合は、直接Trelloのカード内から、スマートフォンで画像をダウンロードできます。Trelloに情報を全て詰め込んでおけば、「Trello1つで完結できるのです。

仕事上パソコンをよく使う方はスプレッドシートでもよいかもしれませんが、スマートフォン1つで完結させたい方は、Trelloの方がよいかもしれません。両方を試した私自身の感想はというと、実際のところ、そもそもInstagram自体がスマートフォンからの利用を前提に作られており、**Trelloで管理をして、スマートフォン1つで完結する方が効率的**だとは思います。

ただし、このあたりは読者の皆さん各々で環境も異なる部分ですので、前述のスプレッドシートかTrelloかを問わず、お好きな方法で投稿スケジュールを作成いただければと思います。

Instagramの投稿予約については、「クリエイタースタジオ」という公式ツールを使って行うことが可能です。投稿スケジュールを作成し、投稿の内容が完成したら投稿予約を行って、定期的な投稿を継続していきましょう。

●クリエイタースタジオ

https://business.facebook.com/creatorstudio/home

20 当月分の投稿は「前月末までに完成」させる

次に、1月分の投稿スケジュールがどのような流れでできあがっていくのか、その実際の過程をお伝えします。

投稿スケジュールは、月単位で作成します。前述のフィードの仕組みと運用担当者の負担も考慮に入れた適切な投稿回数に則ると、通常投稿は月10〜15回くらいの投稿回数となります。ちなみにストーリーズは、前述の通り1日1回以上の投稿回数がおすすめです。

投稿する当月の分は、前月の末までには完成し切っている状態が理想的です。そうすれば、投稿当日に慌てなくても、すでに投稿ができているのでコピー&ペーストですみ、Instagramの運用が一気に楽になります。

実際に、弊社がクライアントのアカウントを運用代行するときの1月の流れを参考に、月のいつ頃、どのような作業をすることになるのか、具体的にまとめました。

①7日〜15日頃：前月の振り返りと次月のスケジュールを決める打ち合わせ
この期間中に、弊社発行のレポートを参照しながら前月の振り返りを行い、先々のイベントや新商品発売のスケジュールなどを確認し、次月のスケジュールに落とし込んでいきます。

②16日〜20日頃：次月のスケジュール作成と画像の確定
実際に、次月の何日にどんな投稿をするのか、具体的なスケジュールと投稿の概要を決め、それに沿って画像を選定・撮影していきます。

③21日〜26日頃：画像ありきのライティングとハッシュタグ選定
投稿概要と画像を確認しながら投稿内容のライティングを行い、投稿の内容に沿ったハッシュタグを埋めていきます（ハッシュタグについては後述）。

④27日～末日頃：投稿内容の最終チェックと広告の検討

できあがった投稿の誤字脱字や事実確認を含めて最終チェックを行い、広告をかけるかどうか、かけるならどれくらいの予算を、どのターゲットに、どういう目的でかけるのかを決定します（広告についても後述）。

⑤投稿当日：投稿

Instagramアプリを開き、コピー&ペーストで投稿するだけです（前述のクリエイタースタジオを使って、事前に投稿予約をする形でもOK）。

このような流れで投稿内容を作成し、実際にInstagramへの投稿を行っていきます。

しかし、時には決まっていた投稿を延期したり、違う投稿に差し替えなければならない事情が出てきたりする場合もあります。そのような場合は、その都度スケジュールを調整し、対応する必要があります。

ただし、繰り返しになりますが、Instagramはプロフィールページに1枚目の画像が並ぶため、投稿の順番を入れ替えたり、差し替えたりすると、プロフィールページが予期せぬ形になってしまうこともあります。プロフィールページ全体の印象を重視するという点には、くれぐれも注意してください。

また、投稿スケジュールになかったことを急遽配信しなければならなくなったときは、これもプロフィールページの世界観に影響が出てくる場合があるので、ストーリーズですませることも検討しましょう。ちなみにストーリーズの投稿スケジュールについては、タイムリーなその時の情報を配信するという性質上、事前に画像を用意できない場合も多いです。そのような場合は、スケジュールに文字だけでよいので、「何月何日何時頃に、こういう内容のストーリーズを配信する」と入力しておきましょう。**投稿の継続には、行き当たりばったりではなく「事前に決めておく」ということが大切**なのです。

ここまで読み進めて、「けっこう手間がかかるな」と思った方もいるかもしれません。本書では、読者の皆さんが、自社内でしっかり定期的な投稿を継続できるようにという意図で解説を行っています。それでもInstagramをはじめとするＳＮＳの運用は、片手間で成果を出すことが難しくなってきているのが現状です。社外のプロに運用を依頼するというのも、１つの方法です。ぜひ社内のリソースと相談して、このあたりは判断していただければと思います。

なお、ここでご紹介した方法は、Instagramだけでなく、他のＳＮＳにもそのまま応用できます。ぜひ全てのＳＮＳで投稿スケジュールを作成し、投稿を継続できる体制を整えてください。

21 「ハッシュタグ」は上限の30個をフル活用する

ここからは、Instagramの代名詞とも呼べる「ハッシュタグ」について解説していきます。

最初にあらためて、ハッシュタグについて整理しておきましょう。ハッシュタグとは、投稿をカテゴライズして検索できるようにするものです。**通常投稿にもストーリーズにもIGTVにも、付けることができます**。

現在のInstagramでは、投稿内容の文章は検索対象にはなりません。**そのためフォロワー以外に自分の投稿を届けるためには、必ずハッシュタグが必要になります**。具体的には、キーワードの頭に「#（半角シャープ）」を付けることによって、ハッシュタグと認識されるようになり、これによって、同じハッシュタグを付けて投稿している人同士の間で情報を共有することが可能になります。

▲「#ダイエット」の検索結果画面（トップ＝人気順）

▲「#ダイエット」の検索結果画面（最近＝時系列）

例えば右の例のように「#ダイエット」と投稿に入れることで、Instagramでダイエットについて検索をした人の検索結果に自分の投稿が表示されるようになります。

また、この性質を利用して、投稿をまとめて閲覧するためにハッシュタグを使うこともできます。例えば、自社オリジナルのハッシュタグを作り、自社商品の感想を投稿してもらうようにすれば、そのハッシュタグをタップするだけで、お客様の声が一覧で見ることができるようになるのです。

次に、1つの投稿に付けることのできるハッシュタグの個数についてです。おさらいになりますが、ハッシュタグは30個まで付けることができます。ハッシュタグが多いなどの理由で投稿の優劣は決まらないと言われているので、一人でも多くのユーザーに自分の投稿を見てもらおうと思うと、**上限である30個までハッシュタグを付けるべきだ**と言えます。実際のハッシュタグの内容については、次節で解説していきます。

▲「#エアライズ」と検索すると、このハッシュタグを使って投稿されたユーザーの投稿を一覧で見ることができる

またハッシュタグは、キャプション（写真に付ける文章）欄とコメント欄の両方に付けることができます。どちらに付けてもハッシュタグとしての効果は同じなのですが、セミナーなどで、「どちらにハッシュタグを入れるべきなのか」という質問をよく受けるので、ここで解説しておきます。

▲ハッシュタグをキャプション欄に入れた場合

▲ハッシュタグをコメント欄に入れた場合

結論として、私は、**コメント欄に入れることをおすすめしています**。

ハッシュタグをコメント欄に入れると、あとで編集できないというデメリットがあります（キャプション欄はあとからの編集が可能です）。しかし、コメント欄は右下の画像の通り、通常投稿の中に隠れる部分になります。そのため、投稿自体がごちゃごちゃせず、すっきり綺麗に見えるのです。

見た目重視のSNSであるInstagramにおいて、投稿の見た目の印象というのは重要な要素です。ハッシュタグ無しで投稿した後、すぐにコメント欄にハッシュタグを入れる形で、ぜひ試してみてください。

ちなみにハッシュタグは、FacebookやTwitterでも、Instagramと同様、ハッシュタグとして機能します。しかしTwitterは文字制限がある上、文章自体が検索対象になります。またFacebookはハッシュタグ文化ではないので、Instagram以外のSNSでは、Instagramほどハッシュタグの重要性は高くないと言えるでしょう。

22

投稿に付けるべき「5種類のハッシュタグ」

ここまでに、「ハッシュタグは上限の30個まで付けるべきだ」という話をしましたが、「30個も思いつかないよ」と思った方もいるかもしれません。

そんなときは、「Reposta」というサービスの利用をおすすめします。InstagramやFacebookの詳細な分析レポートを自動作成できる機能がメインのツールですが、「ハッシュタグ分析機能」を使えば、その投稿に付けるべき適切なハッシュタグがわかります。

● **Reposta（レポスタ）**
https://reposta.jp/

このようなサービスを使うにしても、自力でリストアップするにしても、ここでお伝えするノウハウを参考に、投稿内容や写真に関連するハッシュタグを使うようにしてください。

本書では、ハッシュタグを５種類に分類して考えていきます。

１つ目は、**会社名や商品名や地名など、自社固有のハッシュタグ**です。

例えば、私なら「#株式会社ＲＯＣ」「#坂本翔」「#神戸」、ス

▲ Repostaの実際の画面（ダッシュボード）

▲ Repostaの実際の画面（ハッシュタグ分析）

ターバックスなら「#スターバックス」「#starbucks」「#〇〇フラペチーノ（商品名）」、キャンペーンでハッシュタグ付きの投稿を応募条件にする場合は、「#〇〇キャンペーン第一弾（キャンペーン名）」などのような形です。これを、1～5個程度付けましょう。

2つ目は、**地名と商品や業種を組み合わせたハッシュタグ**です。リアル店舗を持っている方は、必ず付けるようにしてください。現在のInstagramの検索機能では、1つのハッシュタグしか検索できません。そのため複数のキーワードで検索してもらうには、例えば「#渋谷カフェ」「#神戸ネイル」「#福岡花屋」などのように、地名と商品、地名と業種のように、2つの単語を1つのハッシュタグにして投稿することになります。このハッシュタグは、1～5個程度になるかと思います。

3つ目は、**投稿に関連する日本語のハッシュタグ**です。例えば、カフェなら「#カフェ」「#カフェ巡り」「#カフェごはん」、ネイルサロンなら「#ネイル」「#ネイルデザイン」「#美容」などです。これは、5種類の中でもっとも中心となるハッシュタグになってきますので、10〜15個程度付けることになります。

4つ目は、**投稿に関連する英語のハッシュタグ**です。

なぜ英語も必要かというと、Instagramは圧倒的に日本人以外の方が多いSNSです。単純に日本語圏よりも英語圏の方が大きいため、英語でハッシュタグを入れることで、日本人以外の方からのエンゲージメントが集まりやすくなります。フィードの仕組み上、エンゲージメントを多く集めている投稿は優先表示される傾向があるため、仮に見込み客が日本人のみだったとしても、英語のハッシュタグを入れて海外の方からの反応を集めることも必要なのです。

例えば、京都にあるカフェなら「#kyoto」「#cafe」「#coffeetime」、東京の美容室なら「#tokyo」「#beauty」「#hairstyle」などです。このハッシュタグは、5〜10個程度付けるとよいでしょう。

5つ目は、番外編ですが、心の声というか、独り言のように付ける**文章のハッシュタグ**です。

例えば、日本語の文章のハッシュタグとしては、「#海が好きな人と繋がりたい」のように、「#○○好きな人と繋がりたい」といったハッシュタグが有名です。

また、拡散目的ではなく、投稿のオチのような形でハッシュタグを使うのも、投稿がいちコンテンツとして面白くなるのでおすすめです。

この5つ目のハッシュタグは、必須ではないのでまったく付けなくてもよいかと思います。付けるとしても1~2つまでにしておきましょう。

ちなみに、**毎回すべてのハッシュタグを入れ替える必要はありません**。例えば扱う商品、業種、地域などは、頻繁に変わるものではないと思います。いくつかのハッシュタグは、変更しないハッシュタグとして固定のものになってくるはずです。投稿する文章や写真を考慮して、変える必要のあるハッシュタグだけを変更するようにしましょう。ただし、固定のハッシュタグも、最低でも月に一回程度のペースで見直すようにしてください。

また、Instagramのフィードにおいては、**ハッシュタグと写真の親和性も重要視されている**と言われています。**投稿する写真に関係のないハッシュタグを使うくらいなら、30個を無理に付ける必要はありません**。写真と関係のないハッシュタグやキャプションを付けることは避けるようにしましょう。

ここまでの5種類のハッシュタグをまとめると、上の例のようになります。

①自社固有のハッシュタグ
②地名と商品や業種を組み合わせたハッシュタグ
③投稿に関連する日本語のハッシュタグ
④投稿に関連する英語のハッシュタグ
⑤文章のハッシュタグ

▲5種類のハッシュタグの組み合わせ例（株式会社三田屋本店様の事例）

ハッシュタグは、これまで紹介してきたようなフォロワー以外のユーザーに自分の投稿を拡散させる目的や、Instagramキャンペーンの際に投稿をカテゴライズする目的といった一般的な使い方の他に、求人に活用している事例もあります。株式会社サイバーエージェントが、「#cyberentry」というオリジナルのハッシュタグを付けて自分の作品を投稿することで、デザイナーの求人募集に応募できるという面白い事例が、過去にありました。

このように、新しい発想で様々な活用ができるのがハッシュタグの利点であると言えます。ぜひ皆さんも参考にしてみてください。

23 トップ表示を狙うのは「数千から数万単位」のハッシュタグ

Instagramにおいて、ハッシュタグで検索した際、左の画面のように、**人気投稿順に並んでいるタブ（トップ）**と、**時系列に並んでいるタブ（最近）**があります。

▲ハッシュタグ検索時の画面

このうち、トップの並び順のアルゴリズムについてInstagramは明言していませんが、投稿がトップに表示されることは、多くのユーザーの目に止まるため、Instagramアカウントの運用において大きな意味を持ちます。

ハッシュタグ検索時のトップ表示を狙う場合、そのハッシュタグの規模に注目しましょう。ハッシュタグの母数が少なすぎると、あまり誰も使っていないハッシュタグということなので、トップ表示される意味がないですし、数百万件以上も投稿されているような人気ハッシュタグの場合、母数が多すぎるため人気投稿に選ばれる可能性が低くなります。ということは、**「ターゲットユーザーが使っているけれど、それほど投稿数が多くないハッシュタグ」**を見つける必要があるのです。

ここで、おおよその数字をご紹介します。まず、1,000以上の投稿数があるハッシュタグは、一部のユーザーが好んで使っている可能性があります。逆に、投稿数が数十万~数百万単位のハッシュタグは、トップ表示を狙うには競合が多すぎます。

結論として、**トップ表示を狙うには、投稿数が数十万や数百万単位のものもので**

はなく、投稿数が「数千から数万単位」のハッシュタグが狙い目と言えます。ちなみに「投稿数」とは、次の画像のように、ハッシュタグ検索をした際にハッシュタグのすぐ下に表示される件数のことです。

▲ハッシュタグの投稿数

なお、自分のアカウントのフォロワー数が多ければ、投稿のエンゲージメントも獲得しやすく、その結果、投稿数が多い人気のハッシュタグであってもトップに表示される可能性が高くなります。１万人以上のフォロワーがいる方は、トップ表示を狙うハッシュタグの規模を、もう少し大きくしてもよいかもしれません。
　このように、**アカウントのフォロワー数や平均エンゲージメント数が多くなるにつれて、大規模のハッシュタグでもトップ表示を狙えるようになってくる傾向があります**。自分のアカウントの規模感に応じて、トップ表示を狙うハッシュタグを検討していきましょう。

　またハッシュタグの内訳についてですが、30個付けるハッシュタグのうち、前節でご紹介したハッシュタグの種類の1つ目の自社固有のハッシュタグと、5つ目の文章のハッシュタグ以外のハッシュタグについては、トップ表示を狙って入れてみてもよいでしょう。

　前節ではハッシュタグの種類について、本節ではハッシュタグの規模感について解説いたしました。ここでお伝えしたことを参考に、ハッシュタグを構成してみてください。

24 投稿で「やってはいけない」8つのこと

投稿術をお伝えしてきた本章も、いよいよ終盤です。

ここで、Instagramではやってはいけないことをまとめてご紹介します。よく考えると当たり前のことなのですが、気軽に発信できてしまうSNSの世界では、意外とやってしまっている方も多いので、今一度ご確認ください。

①他人の誹謗中傷

これは問答無用で、人として当然やってはいけないことです。

②ネガティブなマイナスイメージの投稿

明らかにネガティブな内容を投稿してはいけないことは当然として、意外と次のような投稿をしてしまっている方も多いのではないでしょうか?

例えば、「店舗の一部を改装中で大変ご迷惑をおかけして申し訳ございません」という投稿です。内容自体は悪くないのですが、**〝謝る〟というのは、やはりネガティブな印象を与えます**。

これが店内の貼り紙ならOKですが、SNSでは違う言い方をした方が適切です。例えば、「現在店舗の一部を改装中。どんな風に仕上がるのか楽しみ！改装後はリニューアルキャンペーンを検討中！」というような形です。改装中であることを伝えたいだけなのであれば（必ずしも謝る必要がないのであれば）、こちらの方がポジティブな印象になるということがわかると思います。

③非公開設定

ビジネスで活用するなら、もちろん公開設定で運用をしてください。**そもそも誰かに見られて困るような投稿はしないようにしましょう**。どうしても非公開で、個人的にInstagramを更新したい場合は、ビジネスで活用するアカウントとは別に、もう１つアカウントを作成して運用をしてください。

④政治的な発言や宗教的な話題

何を発信しても賛否両論あるようなデリケートな分野は、ビジネスとして活用する企業アカウントでは触れない方がよいです。

⑤人間味の感じられない定型文

見ている相手も人間です。毎回同じ定型文を使いまわすなど、人間味の感じられない運用はやめましょう。

⑥文章を詰めすぎる

Instagramの通常投稿では、アプリ側の都合で改行がうまく反映されない場合があります。だからと言ってアプリのせいにはせず、見てくれているユーザーの立場になって、読みやすい投稿を心がけましょう。

「・」や「＊」などを使って行間を空けるのもよいですし、「改行くん」というアプリを使うのもおすすめです。無料のため広告が入ったり、たまに文字化けするなどの不具合はありますが、執筆時現在では、このアプリが改行には最も適しています。

⑦質の悪い画像の投稿

Instagramは写真が命です。特に、プロフィールページに一覧表示される1枚目は特に重要です。写真自体がクオリティの高いものであるのはもちろんのこと、**写真データの解像度が低いと、広告の承認が下りない場合もあります**。次章で解説する、最低限のルールは守って写真撮影をしてください。

genxsho ＼ゴールデンの特番に出演します／
やっと情報解禁！
来週1月23日（水）20時〜TBS系列で放送される
「怒りの追跡バスターズ」に、
ITジャーナリストとして出演します。
年末にバイきんぐ小峠さんと収録をしてきました！
先日のTOKYO MX「モーニングCROSS」に続いて、
今月2回目のテレビ出演。
これまで朝が多かったので、ゴールデンタイムは初！
半日くらいかけて収録したので、
どういう形で放送されるか楽しみ(^^) 犯罪の実態を暴く面白い番組になっているので、
ぜひご覧ください！

▲詰め過ぎた投稿文章の例

genxsho ＼ゴールデンの特番に出演します／

やっと情報解禁！

来週1月23日（水）20時〜TBS系列で放送される
「怒りの追跡バスターズ」に、
ITジャーナリストとして出演します。

年末にバイきんぐ小峠さんと収録をしてきました！

先日のTOKYO MX「モーニングCROSS」に続いて、
今月2回目のテレビ出演。

これまで朝が多かったので、ゴールデンタイムは初！笑

半日くらいかけて収録したので、
どういう形で放送されるか楽しみ(^^)

犯罪の実態を暴く面白い番組になっているので、
ぜひご覧ください！

▲同じ文章で「改行くん」を使用した例

⑧他SNSとの連携投稿

Instagramと連携させているTwitterやFacebookのアカウントにも、Instagramで投稿した記事が自動で投稿されるような設定ができます。個人的にはこれはおすすめしていません。なぜなら、**各SNSごとに文化やユーザー層が違う**からです。現代は、**目的やターゲットに合わせてSNSを使い分ける時代**です。工数がかかるのはわかりますが、〝ついで投稿〟はやめて、各SNSに合わせた内容で投稿するようにしましょう。どうしても時間がないときは、同じネタで同じ写真を使ってもよいので、文章だけは各SNSに合わせたライティングを行うことを心がけてください。

25 「インサイト」で見るべき指標を知る

本章の最後に、ビジネスプロフィールに切り替えると利用できる機能**「インサイト」**について触れておきます。

インサイトでは、各通常投稿のエンゲージメント数、各ストーリーズの閲覧数などを一覧で見ることができます。また、自分のアカウントのフォロワーが、どの地域の人が多いのか、どの年齢層が多いのか、性別の割合、フォロワーがアクセスしている時間帯など、運用に役立つアカウントの詳細情報を確認することができます。

自分のアカウントのフォロワーについてチェックできるのが、**「オーディエンス」**という項目です。Instagramの運用目的に即したフォロワーが集められているかどうかは、ここで確認できる情報から見えてくると思います。定期的に確認して、運用方針に反映させましょう。

また、各投稿ごとのインサイトも、見ることができます。いいね数、コメント数、保存数などはもちろん、何人にリーチしたのか、何回インプレッションしたのか、その投稿経由で何回プロフィールページにアクセスがあったのか等も見ることができます。ちなみに「リーチ」は同じ人の表示はカウントしない数字（投稿を見た人の数）。「インプレッション」は同じ人の表示をカウントした数字です（投稿が表示された回数）。つまり、**「リーチ＝人数」**、**「インプレッション＝回数」**ということになります。Instagram内ではよく出てくる単語ですので、覚えておいてください。

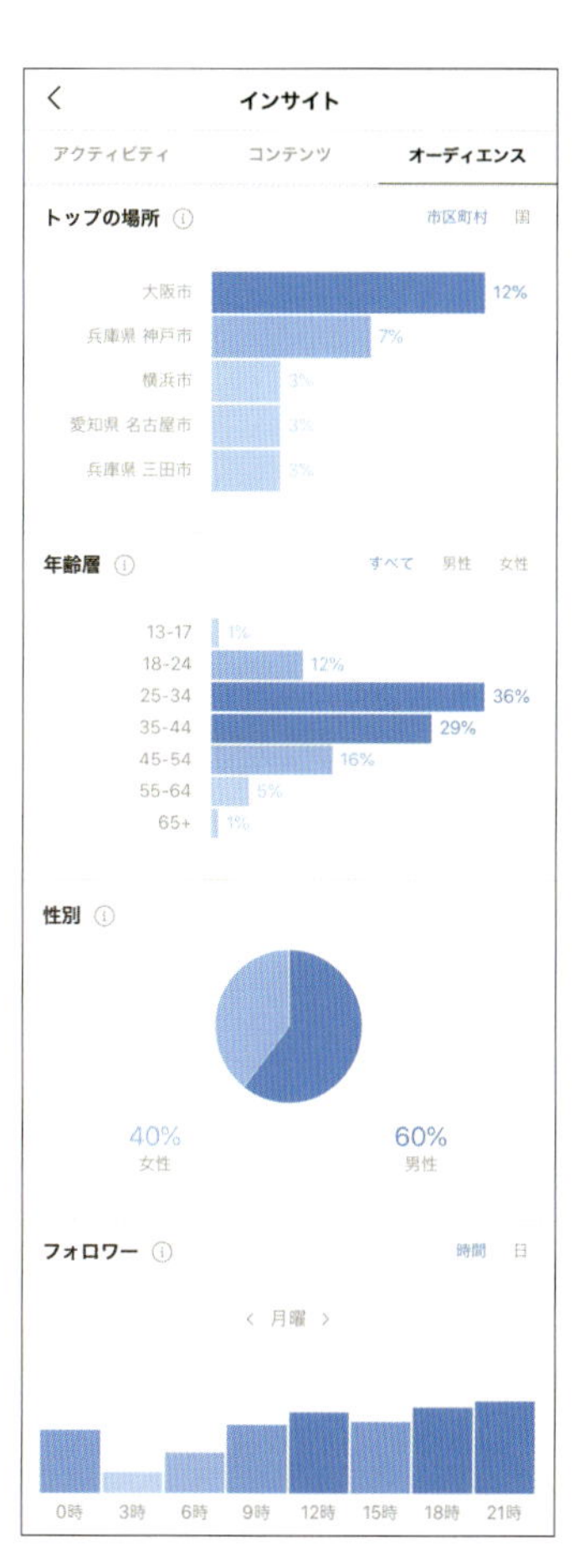

▲ インサイトのオーディエンス

インサイトのみでは情報不足と感じる方も多いかと思いますが、そのようなときは、先ほどご紹介した「Reposta」などのレポートツールでより詳細な数値を確認し、アカウントの分析や改善に活かしてください。

本章は、Instagramの運用において重要な部分を占める項目が多いので、しっかり読み込んで次に進んでいただければと思います。次章では、Instagramの命である「写真」についてお伝えしていきます。

▲ 投稿のインサイト

第5章

Instagramの「効果的な撮影術」を知る

1枚目の画像で「世界観」を統一する

前章では、投稿術ということで、どちらかというと文章にフォーカスした内容でしたが、本章ではInstagramの命とも言える写真にフォーカスしてお伝えしていきます。

ユーザーがアカウントをフォローする際に必ず通ることになるプロフィールページには、各投稿の画像は1枚しか表示されません。それは、画像投稿では1枚目の写真、動画投稿ではカバー画像になります。**プロフィールページに一覧で表示されるこの写真が、その企業やお店のイメージになり、カタログになるため、ここに表示される写真はすごく大切**なのです。そのため、同じ写真がプロフィールページに並んでしまうことがないように注意してください。

もちろん、プロフィールページに並ぶ通常投稿と同じく、ストーリーズで配信する画像や動画、IGTVでの動画のカバー画像も重要です。

具体的には、「自社製品を写真のどこかに必ず入れる」「同じフィルターを使用する」「同じカメラを使用する」「必ず特定の色が入っている写真を使う」など、**自分のプロフィールページの世界観を表現する基準をひとつ決め、それを軸にした写真を必ず1枚目に入れることで、統一感を出すことが重要**になるのです。

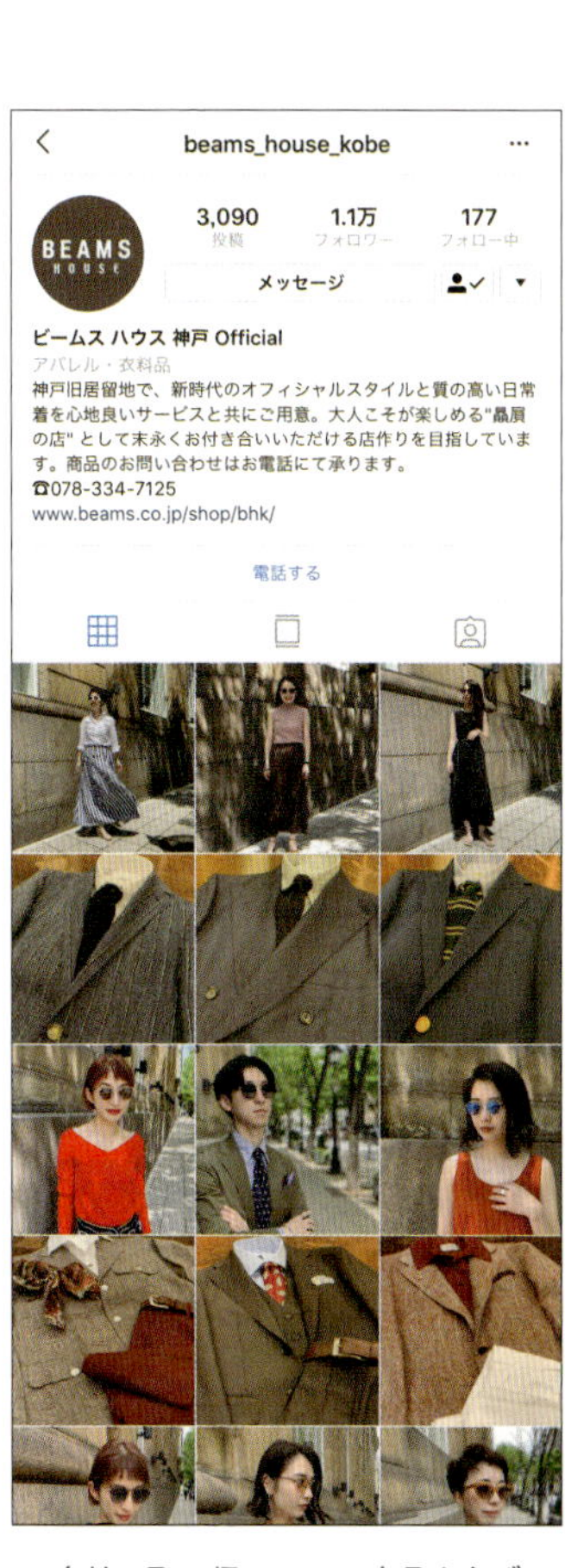

▲自社で取り扱っている商品を必ず1枚目に入れ、3つずつ投稿をすることで統一感を出している例
@beams_house_kobe
©BEAMS Co., Ltd.

▲ 自社製品で撮影した写真で統一することで統一感を出している例
@nikonjp
©Nikon

この「世界観の統一」には感覚的な要素もあるので、実際に2章のP.64でご紹介しているアカウント例を、再度ここで参照していただければと思います。これらのアカウントは、本節でお伝えしている「世界観の統一」がされているアカウントです。

02 写真は「スクエア前提」で撮影する

以前のInstagramでは、投稿した写真は必ず正方形（スクエア）になる時代がありました。しかし、今のInstagramでは、長方形（縦・横）の写真も投稿が可能です。ただし、**プロフィールページに表示される画像は、必ずスクエアに切り取られます**。ここまで本書を読み進めてプロフィールページの重要性を理解した皆さんならおわかりかと思いますが、**Instagramにおける投稿は、「プロフィールページにどう表示されるか」を常に意識して投稿しなければなりません**。ということは、常にスクエア前提で写真を撮影・選定・加工する必要があるのです。

これは、全ての画像をスクエアにして投稿してくださいと言っているわけではありません。縦長・横長の方が広さや高さを表現できたりするなど、都合がよい場合も多いと思います。そのような場合は長方形で投稿すべきと言えます。しかし、例えば長方形のときには被写体がすべて入っている写真でも、スクエアになったときに被写体が切れてしまうような写真ではNGです。右の例をご覧ください。被写体の両端に余白があり、スクエアになる際、そこがカットされたとしても中心となる被写体には影響がない写真になっています。このような写真が、「長方形でもスクエアでも成立する写真」です。**長方形写真を投稿する場合は、スクエアになったときでも、きちんと成立する写真を用意しましょう**。

▲長方形でスクエアでも成立する写真の例

▲左下のマークをタップすると、正方形にするか長方形にするかを選択できる

▲「正方形さん」アプリのトップ画面

「長方形写真がスクエアでも成立するかどうか、毎回確認してから投稿するのは面倒」という方は、そもそも最初からスクエアにして投稿するのも手です。

Instagramに投稿する際の選択画面で、画像内に出てくる左下のマークをタップすれば、長方形のまま投稿するか、その写真をスクエアにするかを選ぶことができます。もしくは、「正方形さん」などの外部アプリを活用してスクエアにすることもできます。

複数画像の投稿で「滞在時間」を伸ばす

前章で解説したように、現在のInstagramフィードの仕組み上、**ユーザーの滞在時間はフィードの表示順位を決める1つの要因になる**と言われています（P.140参照）。ちなみに、これはFacebookも同様です。

例えば、あるユーザーが自分の投稿への滞在時間が長いとします。すると、Instagram側は「このユーザーはこの人の投稿に興味があるんだな」と判断し、そのユーザーのフィードに自分の投稿が表示されやすくなるというようなイメージです。

ということは、通常投稿の場合、一度に投稿する画像は1枚よりも複数枚がよく、動画は数秒よりも上限の60秒に近い秒数の方がよいと言えます。画像が複数枚の場合は、横にスワイプして2枚目以降の画像を見てもらえている間は、自分の投稿に

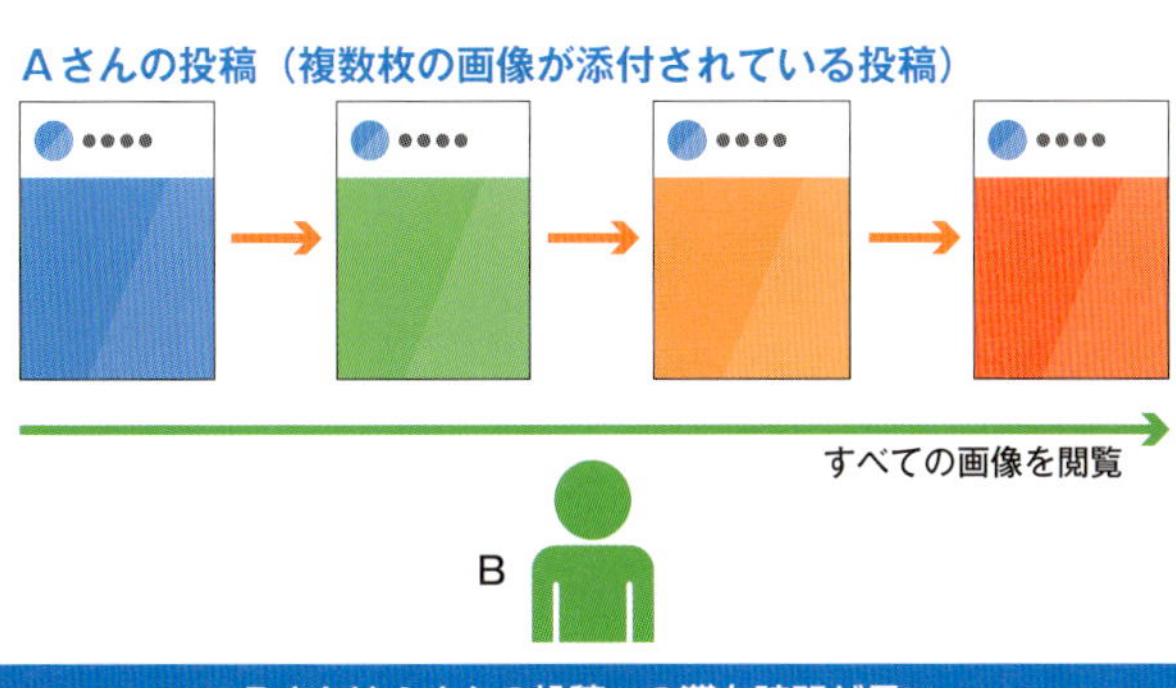

▲ある投稿への滞在時間が長いほど、その投稿者の別投稿や類似投稿がフィードに表示されやすくなる傾向がある

ユーザーが滞在していることになります。また動画も、それを観てもらえている間は自分の投稿に滞在していることになります。

文章に関しては、ユーザーの滞在時間を伸ばすために長文がよいかというと、そうでもありません。そもそもInstagramは写真文化のため、文章自体が読まれづらい傾向にあります。**長文を書いて滞在時間を伸ばすという方法ではなく、画像や動画によってユーザーの滞在時間を伸ばす**ようにしましょう。

画像の場合、1枚目の続きが2枚目、2

枚目の続きが3枚目と、ストーリーのようになっていると、ユーザーの興味をそそるため、滞在時間も長くなる可能性が高くなるのでおすすめです。

また動画の場合、何度も見たくなるような魅力的な動画や、何度も参照したくなるような役に立つ動画であれば、その分、滞在時間が伸びることになります。

前章の通常投稿の、間接宣伝型投稿の事例（P.167参照）で、ストーリー性のある投稿例についてお伝えしました。あれは、同じ投稿内で完結させるのではなく、それぞれが別の投稿でストーリー調になっているイメージでした。それと同じ考え方で、例えば住宅会社のアカウントの投稿で、「お父さんが帰ってくる後ろ姿と新築の家の外観の写真」が1枚目、「玄関で子供たちがお父さんを迎えている写真」が2枚目、「キッチンでご飯の準備をしながらリビングの子供たちを見つめるお母さんの後ろ姿とキッチンの写真」が3枚目・・・などという形で、**1つの投稿の中にちょっとした物語を加える**と、ユーザーを引き込める投稿になり、アカウント自体が魅力的なものになっていくはずです。ぜひ、試してみてください。

「人気（ひとけ）」を出すと反応が増える

Instagramは、写真や動画を駆使し、自社の商品やサービスの効能や価格などスペック面よりも世界観を表現することで、「この商品がある生活」「この場所にいる自分」「この商品を持っている自分」を連想させて購買につなげていくことができるSNSです。その性質をフルに活かすために、**「人気（ひとけ）」**は重要な要素のひとつです。

例えば、美容コスメなどの場合、商品単体の写真だけで投稿するよりも、**「その商品を使おうと商品を持っている女性の手」**が入っている方がよいと言えます。また飲食店の投稿の場合も、料理単体の写真よりは、**「料理を食べようとフォークやスプーンを持っている人の手が入っている写真」**の方がInstagramらしく、ユーザー自身も自分がそのお店に行って実際に食事をしている風景を想像しやすくなります。その結果、投稿への反応がよくなり、来店にもつながりやすくなるのです。

　ここで、左の投稿をご覧ください。この投稿は、両方とも料理に関する投稿ですが、人気（ひとけ）がない方とある方では、いいねの数に300以上もの差があります。この2つの投稿には複数の画像が添付されていますが、人気（ひとけ）のある投稿は2枚目以降の画像も人気（ひとけ）のあるものが続き、人気（ひとけ）のない投稿では、2枚目以降の画像も人気（ひとけ）のないものが続きます。このように、人気（ひとけ）のある投稿とない投稿では、ユーザーからの反応が大きく変化するのです。

▲料理関連の投稿で人気（ひとけ）がないパターン
@kaede_merchu

▲料理関連の投稿で人気（ひとけ）があるパターン
@kaede_merchu

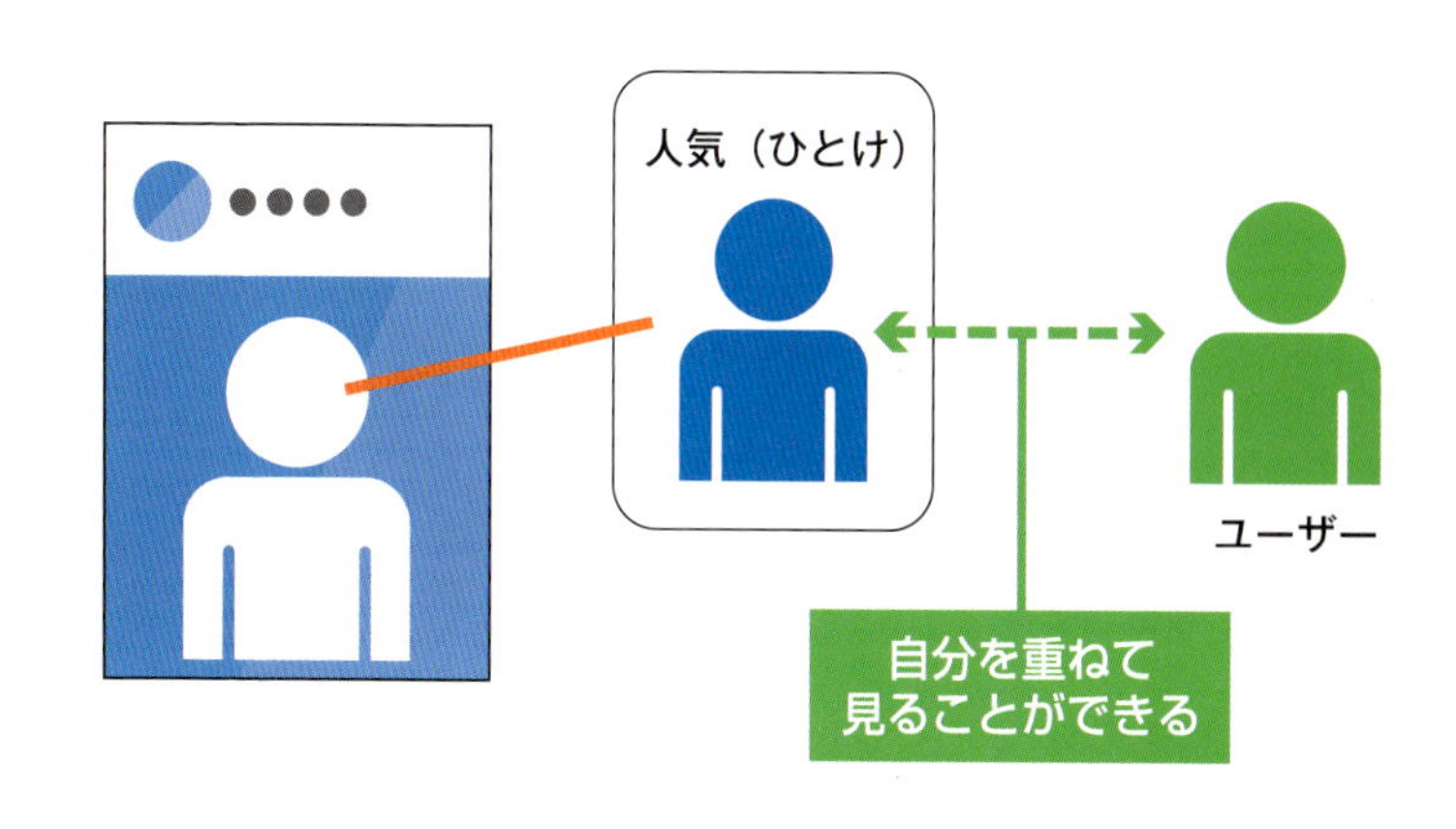

▲ 人気（ひとけ）があることで自分を重ねやすくなる

ここに、前述した「ストーリー調にする」という手法を盛り込むと、さらにエンゲージメント数の上がる投稿になるでしょう。

投稿した写真に人気（ひとけ）があることで、ユーザーはそこに自分を重ねて投稿を見ることができます。それによって、前述の「この商品がある生活」「この場所にいる自分」「この商品を持っている自分」を想起しやすくなるのです。ぜひ、人気（ひとけ）を意識して写真を撮影するようにしてください。

写真撮影の基本「三分割法」を活用する

スクエア、ストーリー調、人気（ひとけ）についてお伝えしたところで、ここからは、実際に写真撮影の際に取り入れるべき具体的な方法についてお伝えしていきたいと思います。

まずは、**「三分割法」**です。写真の構図において、最も知られている構図かもしれません。これは、**画面の縦と横をそれぞれ線で三分割にすることでできる4つの交点のどれかに重要な被写体を配置するという手法**です。主に通常の4：3画面をベースにした構図ですが、スクエア写真の場合にも応用が効きます。

三分割法を活用することにより、バランスの取れた、安定感のある写真を撮ることができるようになります。

多くのカメラやスマートフォンでは、**グリッド線**を出せる機能があります。それを参考に、ぜひ三分割法を活用しましょう。

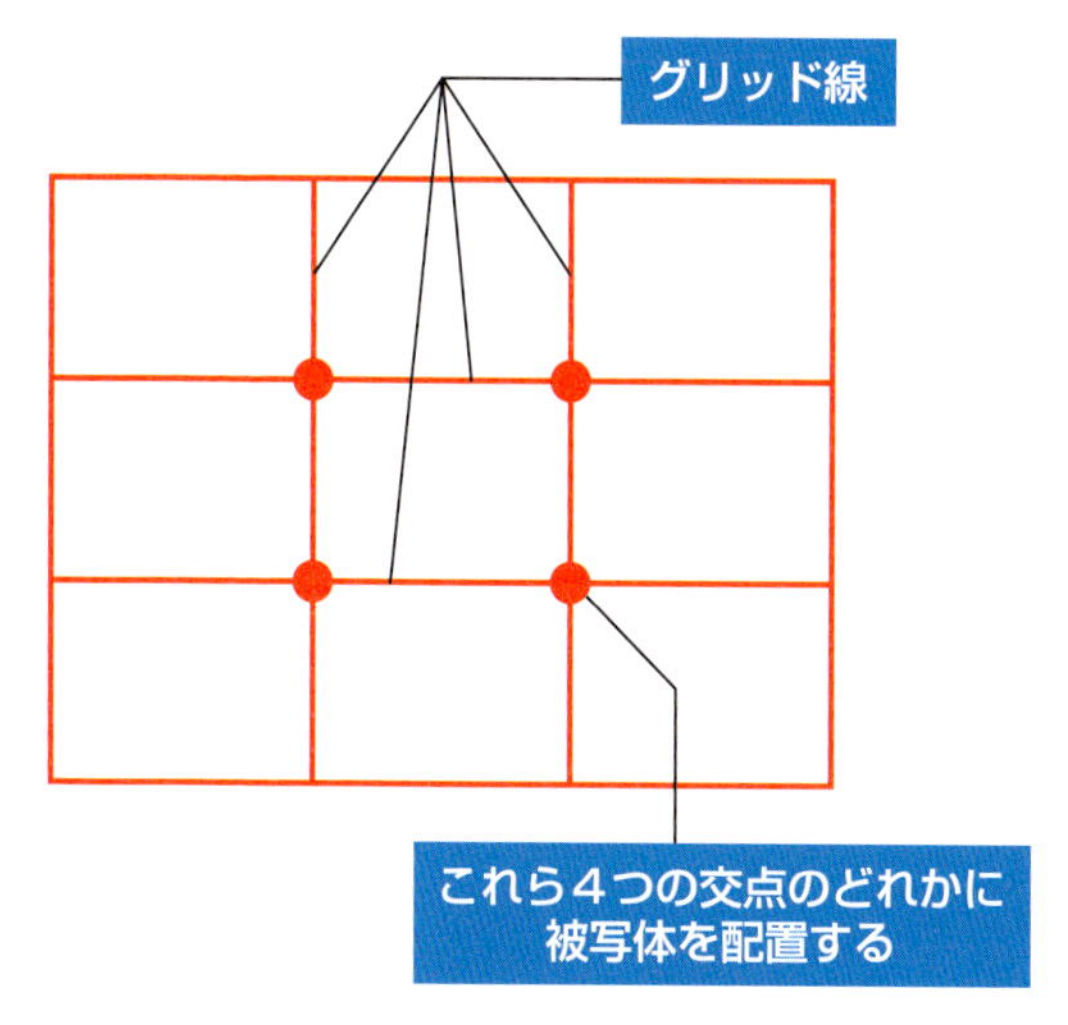

▲ 4：3画面を基準とした場合の三分割法

▲ 三分割法をスクエアの写真に適用した例

06

写真撮影時に意識するべき「8つのポイント」

引き続き、Instagramに投稿する写真を撮影するときに意識するべきことについて、8つのポイントに絞ってお伝えしていきます。

水平構図

これは、写真内で水平方向の線を強調したいときに使う手法です。一般的には、水平線、地平線、ビル群などの風景を撮影するときに意識するべき構図ですが、普段のInstagram投稿用の写真でも取り入れるべき手法です。

例えば、室内の柱や建物の線、机の線などは、写真の枠線に対して水平・垂直に合わせるべ

▲ 水平構図の例

きです。水平・垂直がずれていると、違和感のある、クオリティの低い写真とみなされてしまいます。これもカメラ内でグリッド線を表示すれば簡単にできますので、ぜひ実践してください。

対角線構図

画面内で対角線を意識する手法です。対角線構図を活用すると、奥行きや立体感を演出できます。また手前から奥へと向けて視線が移動するので、動きの感じられる写真になります。被写体によって斜めの線ができるように構図を探るのがポイントです。

▲ 対角線構図の例

放射線構図

画面の中心から、放射線状に線ができるようにする構図です。奥行きや広がりが生まれるため、ダイナミックで、開放感のある写真になります。また、奥へと向かう視線の動きも生まれます。

真上から撮影

料理などに向いている撮影手法です。撮影が簡単で、かつ、おしゃれに仕上がるためInstagramに向いていますが、光の当たり方によっては被写体の上に影ができてしまうので、影が入らない環境か、もしくは光を当てて影ができないように撮影を行う必要があります。

▲ 放射線構図の例

▲ 真上からの撮影の例

アングルを低くする

写真はどうしても人目線で撮りがちですが、例えば机の上のグラスや足に履いている靴など、被写体の目線に合わせて低いアングルで撮ってみると、また違った視点の、臨場感のある面白い写真が撮れます。商品によっては、使用する人の目線になって撮影してみるのもよいでしょう。

シズル感

シズル感とは、食材や料理のツヤ、食感、新鮮さ、熱さ、冷たさなどを表現する言葉です。例えば、野菜や果物なら潤いを感じさせる色艶。ビールなら、キンキンに冷やしたジョッキの外側の結露。ステーキなら、ジュージューと焼けて油が跳ねる

▲ アングルを低くした例

▲ シズル感の例

イメージなどです。具体的には、被写体との距離を縮めて撮ることで臨場感のある写真になり、このシズル感が表現できます。また光の当たり方も重要になるため、被写体に対する光の方向にも気を配るようにしましょう。

自然光

スマートフォンのフラッシュはかなり強い光なので、明るすぎて被写体の色が飛んでしまいがちです。また、影が強く出てしまいます。あえてそうした効果を狙うのでなければ、撮影時の明かりは自然光を基本としてください。自然で柔らかい雰囲気の写真に仕上がります。ただし自然光の場合は、天気や時間帯によって光の質が変化します。光の条件に注意して撮影を行う必要があります。

▲ 自然光の例
@kaede_merchu

●串刺し／首切り

これは、人物が入る写真を撮影するときの注意点です。例えば、道路、線路、橋、水平線といった横のラインや、柱、壁、家具などの縦のラインが、頭や首にかかってしまうことを指します。これは縁起が悪く感じられるだけでなく、視線もラインの方へいってしまいがちになり、主役の存在感が薄れてしまいます。被写体だけを見てシャッターを切るのではなく、被写体の周囲や背景にも気を付けて撮影するようにしましょう。

▲首切りになってしまっている例

Instagramに投稿する写真を撮影するときに意識すべき点について、まとめてお伝えしましたが、いかがでしたでしょうか？　これらを意識した上で撮影できると、1つ1つの投稿の質が上がり、それがアカウント全体の印象にもつながっていきます。ぜひ今後の投稿に取り入れてください。

07 写真の編集で「世界観を表現」する

次に、写真の「編集」について解説します。前述のノウハウを活かして撮影した写真も、編集で失敗すると台無しです。ここでは、Instagram投稿時の写真編集について解説します。Instagramは、もともと写真加工からスタートしているアプリです。そのため、フィルターなどの写真加工機能が充実しています。

フィルター

フィルター機能は、通常投稿にもストーリーズにも用意されています。フィルターにはたくさんの種類があり、通常投稿では、左の画像のように下に出てくる候補の中から選ぶ形になります。それに対してストーリーズでは、写真を確定した後、左右にスワイプすることでフィルターを選択できます。

フィルターを使う場合は、**そのときの気分によって選ぶのではなく、「自分のア**

▲ 通常投稿の場合

▲ ストーリーズの場合

カウントではこのフィルターを使う」と決めておくとよいでしょう。それによってプロフィールページ全体の統一感も得られますし、投稿時に迷うポイントがひとつ減るのでおすすめです。

●編集機能

編集機能は、フィルター適用の有無に関わらず、行うことができます。「明るさ」「コントラスト」「暖かさ」「彩度」「シャープ」など、編集項目が複数ありますので、実際にInstagramアプリを開いて各編集機能を触ってみてください。写真に合わせて、

▲ 明るさの編集

▲ コントラストの編集

足りないものを足したり、不要なものを削ったりするような意識で編集するとよいでしょう。そしてここでも、フィルターの場合と同じく、自分のアカウントの統一感を意識して編集を行うことが重要です。

このように、Instagramは他のSNSに比べて写真加工機能が充実しています。そのため、Instagramで加工した写真や動画を、他のSNSに投稿する方も多いです。Instagramで加工した写真や動画を他のSNSに投稿すること自体はよいのですが、前述したように（P.225参照）、各SNSによって文化やユーザー層は大きく異なります。ライティングの表現や文章量を整えるなど、文章については各SNSに合わせて投稿するようにしてください。

ストーリーズは「縦」を最大限に活かす

Instagramの発表によると、50％のユーザーが、ストーリーズで見た商品をオンラインで購入しており、31％のユーザーは、ストーリーズで商品を見た後に店舗で購入しているというデータがあります。

ストーリーズには、通常投稿とは異なる没入感や臨場感を与えることで、このような直接的な効果を期待することができます。その分、通常投稿とは異なる表現が必要になります。具体的には、スマートフォンの画面に合わせた、縦型の写真や動画にするべきです。

同じくInstagramの発表では、90％のユーザーが縦向きにスマートフォンを使用しており、ミレニアル世代の72％は、横向きの動画でもスマートフォンは縦のままで視聴しているとのことです。加えて、ユーザーの76％が縦型動画など、新しい広

▲ ストーリーズを効果的に活用している例
@ROC

告フォーマットを好意的に受け取っており、65％は縦型動画の広告を配信するブランドに革新性を感じているというデータもあります。現在のストーリーズでは横向きの画像も投稿できますが、これらの発表から、**ストーリーズでは縦の画像や動画を投稿することが重要**だということがわかります。

ストーリーズには、写真や動画だけでなく、テキストのみを投稿できる「タイプ機能」もあります。投稿の種類でもお伝えしたように（P.187参照）、急な営業時間の変更など、重要なもので緊急性が高く画像が用意できなかった場合などに、うまくストーリーズを活用しましょう。

縦型の写真や動画にするべきなのは、IGTVでも同じです。インターネットの世界では、パソコンからスマートフォンへと主流が移行し、テレビやパソコンの横型から、スマートフォンやタブレットの縦型のコンテンツへと変化しています。その流れに乗り遅れないように、縦型クリエイティブで配信するクセをつけておくべきです。

09 ライブ配信では「憧れ」よりも「身近さ」を演出する

FacebookやTwitterなど他のSNSと同様、Instagramでもライブ配信が可能です。テレビ番組で例えるとわかりやすいですが、収録されて事前に作り込まれたものよりも、何が起こるかわからないドキドキ感を感じられる生放送の方を面白いと感じる人も多いと思います。Instagramのライブ配信もそれと同じ感覚です。

Instagramのライブ配信は、通常投稿ではなく、ストーリーズの中で行うことになります。ストーリーズ同様に、配信後は24時間だけ残しておくことも可能ですし、ライブ配信終了後にすぐに削除することもできます。**ライブ配信中は、下の画面のように** **ストーリーズのフィードの左側の位置に配置される**ので、

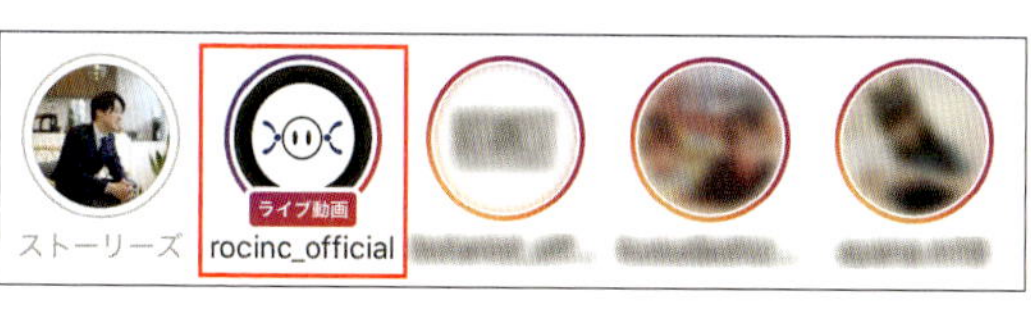

▲ ライブ配信中のアイコン表示例

フィード内でも目立ちます。

企業アカウントのライブ配信の使い方としては、イベント当日に会場に来ることができないフォロワーのためにイベントの様子を生中継したり、新商品の発売日にその商品に対する質問に答える宣伝を兼ねた生配信をするなど、様々な活用方法が考えられます。

視聴する側は、ライブ配信動画を視聴しながら、配信者に対してコメントを投げかけ、それに配信者が答えるというような使い方もできるので、ユーザーとリアルタイムにつながることができます。それによって、お客様であるユーザーに親近感を感じてもらえるのも利点です。

ただし、参加者が少ないと盛り上がりに欠けるので、ライブ配信をする際は、思いつきで急に配信を開始するのではなく、次の点に気をつける必要があります。

- **事前にライブ配信を行う日時を告知する**
- **配信時間は21時から24時の間とする**
- **事前に配信中に扱うテーマを発表し、そのテーマに沿った質問を募集する**

まずは、事前にライブ配信を行う日時を告知しておき、ユーザーがその時間にアクセスできるようにしておく必要があります。

次に配信時間についてですが、**ライブ配信は数分以上の比較的長い時間、ユーザーにアプリを開いて見てもらわなければいけません**。ユーザーが自宅でスマホを充電しながら、音を出して落ち着いて見ることができる時間に配信するべきです。そのため、少し遅めの21時〜24時くらいの時間帯がよいと言えます。

もちろん、配信内容や運用体制によっては、時間を気にしなくてもよい場合や、夜の配信が難しい場合もあるかと思いますので、そのような場合は、必ずしもこの時間を守る必要はありません。

最後に、事前にユーザーから質問をもらっておくと、当日ライブ配信中に話すネタにもなるので、事前告知と同時か、もしくは別で質問を募集しておくとよいでしょう。

さらに言うと、時間と曜日を決めて週1回ほど配信できると、ユーザーもそれを楽しみにし、計画も立てやすくなります。より深く交流が図れるようになるので、定期的なインスタライブはファン獲得のためにはおすすめです。現在は、**「憧れ」よりも「身近さ」が効く時代**です。アカウントを身近に感じてもらえるよう、ライブ配信をうまく活用していきましょう。

▲ ストーリーズで事前にライブ配信用の質問を募集している例

前章では主に文章などの投稿術について、本章ではそれ以外の写真や動画についてお伝えしてきました。年々スマホ普及率が上昇し、多くのSNSが登場しています。SNSに対するリテラシーも社会全体で上がってきているため、特にInstagramでは、文章も写真も動画も、一般ユーザーが高いクオリティのものを投稿するようになっています。これは、企業側もそれ相応のクオリティでの発信が求められるということを意味します。ここまでにお伝えしたことは最低限、理解・実践していただき、Instagramで反応が取れる投稿を目指していきましょう。

第章

Instagram広告で「集客を加速」させる

01 Instagram広告で「宣伝色の強い広告」はNG

いよいよ、本書の最終章「Instagram広告」についてです。

Instagramのフィードやストーリーズを見ていたら、フォローしている人のものではないコンテンツが上がってくることがあります。それが「Instagram広告」です。広告が表示される場所は、主にフィード、ストーリーズ、発見タブです。広告コンテンツには、小さく「広告」と書かれています。

本来、Instagramはフォローしてもらっているユーザーやハッシュタグ経由で見つけてくれたユーザーにしか、自分のアカウントや投稿は見てもらえないのが通常です。しかしInstagram広告を使うと、その制限がなくなり、こちらが「自分の情報を届けたい」と思ったユーザーに対して、自分の投稿を表示させることができます。

さらに、親会社であるFacebookのユーザー情報も活用した精密なターゲティングを行うことで、指定した予算分だけ、的確なターゲットに広告を配信することができます。そのため、**自分がまだつながっていない（フォローしてもらっていない）けれど、自分の商品やサービスに興味がある人（見込み客）に対して、有効なアプローチができる**ようになります。

ただし、広告とは言っても、あくまでInstagram内で表示されるものです。ここ

▲ フィードの広告コンテンツの例（楽天市場）
©Rakuten

▲ ストーリーズの広告コンテンツの例
©BOTANIST

まで本書を読んでくださった皆さんならおわかりかと思いますが、**宣伝色・広告色が強すぎるものは、投稿であれ、広告であれ、Instagram内では受け入れられません。**

第1章のDECAXのところでお伝えした「広告が効かなくなってきている」という現状は、宣伝色・広告色の強い広告コンテンツに適用されるものです。一律に全ての広告が効かなくなっているわけではありません。きちんとDECAX時代のInstagramユーザーにも受け入れられる広告を作成するコツを、本章でつかんでください。

02 Instagram広告について知っておくべき「2つの特徴」

Instagram広告を始める前に、まずはInstagram広告の特徴を把握しておきましょう。

1つ目の特徴としては、**ターゲティング精度が高い**ということです。

ユーザー数23億人以上を誇る親会社のFacebookや、Instagram自体のユーザーデータを用いて、詳細なターゲットの設定ができます。例えば「東京都内に住む／25歳から29歳の／女性」といったように、年齢・性別・地域・言語・趣味・関心など、非常に細かい設定ができます。

ここで、2章で設定したターゲット像（P.60参照）が非常に重要になってきます。思い描いたユーザーを集客できるように、ターゲットのイメージをしっかりと意識して、広告設定を行いましょう。

▲ ターゲット設定画面（Instagramアプリから広告配信する場合）

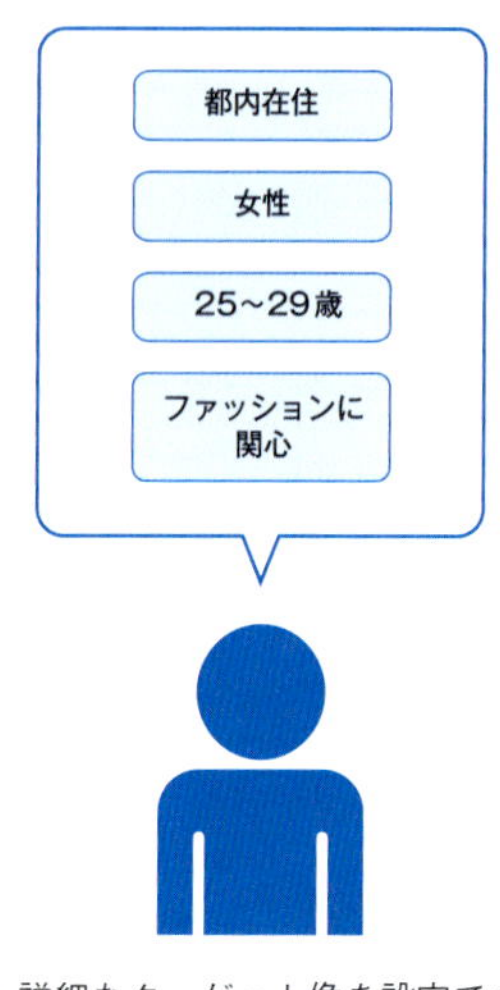

▲ 詳細なターゲット像を設定できる

特徴の2つ目は、**低予算から広告配信ができる**ということです。

これはInstagram広告のみでなく、Google・Yahoo!・Facebook・Twitterなどの運用型広告すべてに言えることですが、広告費の予算を自由に設定できます。

従来の広告手法であるチラシやDM、テレビ・新聞・雑誌などのマスメディアでは、広告を出すために数十万〜数千万円単位でコストがかかっていました。しかし運用型広告であれば、「1日1000円」「ひとまず1ヶ月で3万円だけ」といった形で予算を設定でき、設定した予算の上限を超えて広告費を使ってしまうことはありません。広告設定の条件にもよりますが、Instagram広告は最低100円から広告出稿が可能です。

また、Instagramの広告フォーマット、つまり広告の表現方法には、写真、動画、カルーセルなど、複数の種類があります。書籍という性質上、特に動画やカルーセルは紙面では伝えづらい部分になりますので、直接Instagramの公式サイトにアクセスして、実際の各広告フォーマットをご確認ください。

●Instagramの広告フォーマット
https://business.instagram.com/advertising/

03 Instagram広告には「2種類の配信方法」がある

次に、Instagram広告の配信方法についてお伝えします。

自分で広告を配信する場合、Instagram広告には2種類の配信方法があります。

広告を管理する専用のツール「広告マネージャ」を使ってFacebookから広告を配信する方法と、**Instagramアプリから直接広告を配信する方法**です。

2つの配信方法の、主なメリットとデメリットを見ていきましょう。

広告マネージャから広告出稿する場合のメリット

・パソコンから広告の管理ができる
・高度な設定や詳細な分析ができる
・広告用の投稿を作成できる（Instagramのプロフィールページに残らない）

● 広告マネージャから広告出稿する場合のデメリット

・スマホでは使いにくい
・広告専用のツールなので操作が難しく、ハードルが高く感じてしまう

● Instagramアプリから広告出稿する場合のメリット

・スマホから広告配信の設定ができる
・早ければ1分もかからずに配信できる
・フォロワーの反応がよかった投稿を広告に流用できる

● Instagramアプリから広告出稿する場合のデメリット

・通販やメルマガ登録など、ウェブサイトでアクションしてもらうことが目的の広告には向いていない（類似オーディエンスなどの有効な機能が一部使えない上、配信結果で一部の指標しか確認できないため）
・広告用の投稿がフォロワーにも公開されてしまう（プロフィールページに掲載されてしまう）ので、内容によってはプロフィールページの世界観に合わない場合

がある
・一度広告に出した投稿は編集できなくなる
・Facebookに配信できない

もし、どちらで広告配信をしようか迷われる場合は、LP（ランディングページ）などのウェブサイトでアクション（商品購入など）をしてもらうことを目的として広告を出したい場合や、広告用の投稿をプロフィールページに表示させたくない場合は、Facebookの広告マネージャから出稿する方法で広告配信することをおすすめします。

そうではなく「まずはInstagram広告を試してみたい」「特定の通常投稿やストーリーズをフォロワー以外のターゲットユーザーにも拡散させたい」「ユーザーにプロフィールページへ来てもらってフォロワーになってほしい」といったことを目的とする場合は、Instagramアプリから広告出稿する方法がよいでしょう。

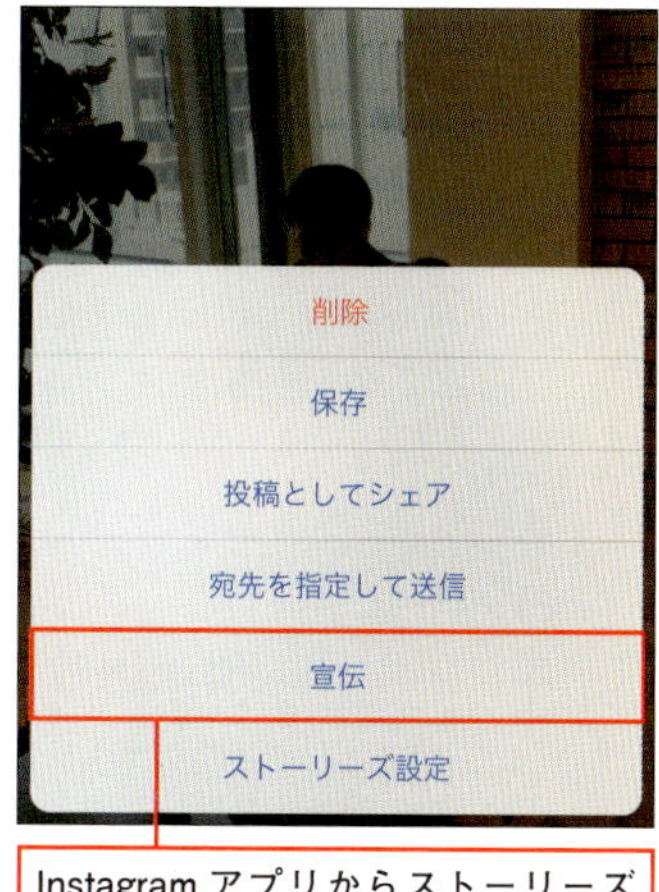

Instagramアプリからストーリーズを広告配信する場合は、主にここから出稿する

Instagramアプリから通常投稿を広告配信する場合は、主にここから出稿する

▲ Facebookの広告マネージャから広告配信する場合は、Facebookにパソコンでログインし、Instagramアカウントと連携させているFacebookページから広告設定を行ったり、フィードやメニューから広告設定に進むことができる

広告マネージャから広告を出稿する場合も、Instagramアプリから広告を出稿する場合も、基本的に設定する手順・内容・考え方などは同じです。当然、配信される側の見え方も、どちらの方法でも同じになります。

Instagram広告の出稿手順など操作方法の詳細は、公式のヘルプセンターから最新の情報をご覧いただけます。

● Instagram広告の出稿手順

https://www.facebook.com/business/help/976240832426180

Facebookページは「必ず作成」する

Instagramアカウントをビジネスプロフィールに切り替える解説を行った際（P.54参照）、Facebookページは作っておきましょうとお伝えしたかと思います。**Instagramで広告を出すためには、Facebookページを持っていることが必須条件**となります。

Facebookページの作成に時間はかかりません。会社や店舗の住所、メールアドレス、電話番号、ウェブサイトのURLなどといった情報を事前に準備しておけば、よりスムーズに作成できるでしょう。

Facebook社いわく、Facebook内でこのようなプロフィール欄をきちんと入力していると、Facebookページの評価が上がるということです。最初の段階で、漏れなく入力しておくことをおすすめします。

なお、Facebookページがないと Instagram広告は出稿できませんが、Instagramアカウントがなくても Facebookページがあれば、Instagramに広告を出稿することは可能です。

▲ Facebookページ（スマホ閲覧時）

画像内のテキストは「20％以下」にする

次に、広告に使用する画像について、解説を行います。

Instagram広告を出稿する際、広告に使用されている画像の中のテキスト量によって、広告のパフォーマンスが変わってくる場合があります。具体的には、画像内のテキストの割合が20％未満である方がパフォーマンスが向上する、と言われています。これはInstagram広告に限らず、Facebook広告でも同様です。なお、動画広告の場合は、動画再生前に表示されるサムネイル画像が該当します。

以前は、広告に使用されている画像内のテキスト量が20％を超えていると、広告自体が承認されなかったのですが、２０２０年秋頃にこの制限が緩和され、画像内のテキスト量に関係なく、広告自体は承認されるようになりました。ただし、前述のように広告のパフォーマンスには影響があるため、引き続き、広告に使用されている画像内のテキスト量は20％以下が推奨されています。

次の例は、画像に含まれるテキスト割合が20％以上の場合と、20％以下の場合です。この場合、上の画像より下の画像の方が広告の成果はよくなると言えます。

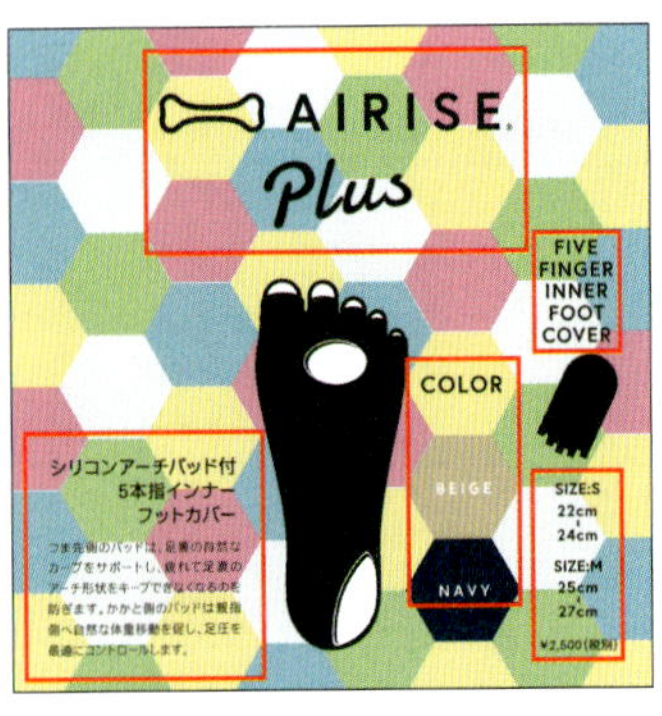

▲ 画像内のテキストが 20%以上

▲ 画像内のテキストが 20%以下

このように、テキスト量をチェックするのは当然のことですが、広告作成の際は、想定外の形で配信されることを防ぐためにも、**必ずプレビューで広告を確認する**ようにしてください。

他にも、Instagram広告において、違法な商品やサービス、差別的な行為、薬物や薬物関連商品、成人向け商品やサービス、機能しないLP（ランディングページ）、ビフォー／アフターなど個人の健康に関することなど、禁止されているものがたくさんあります。これから配信しようとしている広告がポリシーに違反していないか、事前に確認しておくようにしましょう。

● **広告ポリシー**

https://www.facebook.com/policies/ads

なお、Instagram広告には独自の審査基準があります。例えばFacebook広告では承認されても、Instagram広告では非承認になる場合もあるので注意が必要です。

06 Instagram広告は「潜在層向け」に出稿する

本章では、Instagram広告についてお伝えしていますが、いくら広告と言っても、表示されるのはInstagramという〝SNS〟の中です。宣伝色・広告色が強いと、避けられてしまいます。数あるSNSの中でも、特にInstagramのユーザーは、その点に敏感です。

Instagramユーザーは、Instagram上の広告に対して、「広告を非表示にする」や「広告を報告」といったアクションを起こすことができます。**ユーザーが広告に対してこのようなネガティブな評価を付けると、システム上その広告を出しているアカウントの評価自体を下げられてしまう**こともあります。そのため、お金を払う広告という形であっても、ユーザーに嫌われるような宣伝色の出しすぎには気をつけましょう。

同じネット広告でも、GoogleやYahoo!といった検索サイトの検索連動型広告（リスティング広告）とSNS広告とでは、全く性質が異なります。検索サイトのユーザーは、その商品や情報に対するニーズが顕在化した状態で検索行為を行っています。そのため、その商品や情報に対する宣伝を広告で受けたとしても、それに対してネガティブな感情を抱くことは少ないのです。むしろ、SNS的な遠回りな表現をすることの方に、ネガティブな感情を持つかもしれません。

それに対して、InstagramなどのSNSユーザーは、検索サイトのユーザーのように何か特定のものを探してSNSを開くのではありません。「電車に乗っている間の暇つぶし」「友人たちの近況チェック」など、**余暇の時間にリラックスするためにSNSを開いていることの方が多い**のです。そこに予期せぬ宣伝が入ってくると、不快に思うユーザーも少なくありません。

母数は少なくなりますが、見込み度が高く、ニーズが顕在化しているユーザーが利用するツールが検索サイトです。そこに表示させる広告が、リスティング広告と

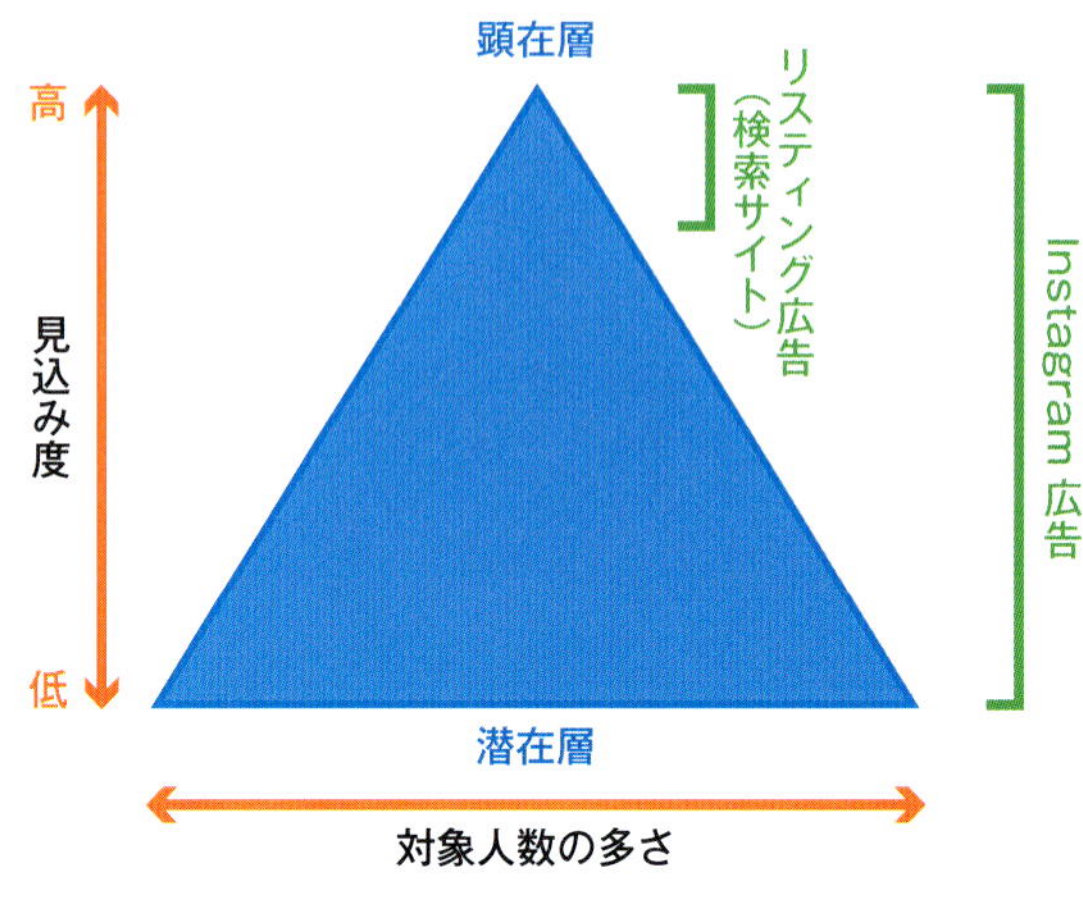

▲リスティング広告とInstagram広告の役割のちがい

いうことになります。

それに対して、Instagram広告などのSNS広告は、ニーズが顕在化している層に届けられることはもちろんですが、**主にニーズが顕在化していない潜在層に対して表示させる広告**として位置付けられます。

そのためInstagram広告では、「期間限定」や「価格の安さ」といった宣伝色を強く感じるポイントで攻めるのではなく、**商品の世界観や店内の雰囲気など、Instagramの特徴を活かせるポイントで広告を作成すべき**と言えます。

07 Instagram広告で「成果を出す」ための5つのポイント

Facebook社が行ったテストでは、**ほとんどの広告が1秒程しかターゲットユーザーにエンゲージメントできていない**そうです。この結果から、モバイルの世界での1秒間を使って少しでも効率的に見てもらうために、また1秒より長く広告を見てもらうために、クリエイティブについて考えることが重要になります。ちなみに「クリエイティブ」とは、広告業界において、広告として掲載するために制作された広告素材のことを指します。Instagram広告で言うと、画像や文章がそれに当たります。

本書では、Instagram広告で成果を出すための方法として、次の5つのポイントを提案します。

①シンプルで具体的なキャッチコピーを1つ決めること

例えば飲食店を選ぶ場合、「時間がない＝ファストフードに行く」というように、人は多くの要素をあれこれ考えるようなことはしません。そのお店の特徴を表せるシンプルな一言があれば十分なのです。わかりやすい極端な例としては、例えば時間がない人をターゲットにするなら、「時間がないときは○○」というような表現がよいでしょう。

②ターゲットユーザーがその商品やサービスで得られる利益が明確であること

ファストフードの例を踏襲すると、ターゲットユーザーが得られる利益は、「素早く空腹が満たせる」という点になります。その点を画像や文章で表現するということです。

③①のキャッチコピーやその他文章部分とビジュアル部分の間に一貫性があること

例えば、画像と関係のない文章を付けたり、文章と関係のない画像を付けたりするなど、クリック数を稼ぐためにそのようなことをする方も稀にいますが、

Instagramで広告を出す目的は、決してクリック数を稼ぐためではありません。入口商品の販売や認知度向上、店舗への集客などであるはずです。**広告の成果だけにとらわれず、広告を利用した先の未来につながる広告になるよう意識しましょう**。また、別ページにリンクさせる広告の場合、広告画像や文章と誘導先のページとの統一性・一貫性も重要になります。

④フィードになじむ画像や文章を意識すること

「フィードになじむ」とは、一般ユーザーの投稿に近く、広告色の薄いものを指します。実際、弊社の過去のInstagram広告におけるテストでも、一眼レフでプロが撮影した写真と、スマートフォンで弊社の社員が撮影した写真を比較した際、後者の方が反応がよかったという事例もあります。クオリティが高すぎる画像を広告に使用すると、「フリー素材を使用した宣伝だ」と勘違いされるのかもしれません。Instagramのユーザーは、宣伝を受けに来ているわけではないため、一瞬「友達の投稿かも」と思わせるような、広告色の少ない自然なクリエイティブの場合に、成果が出る事例が多いのです。

⑤広告を見たユーザーに期待するアクションを明確にすること

その広告を見たユーザーに、何をしてほしいのか、どんなアクションを起こしてほしいのかを、コールトゥアクションボタン（広告の画像と文章の間に設置される誘導ボタン）はもちろん、画像や文章も使って明確にしておきましょう。例えば左の画像の場合、広告を見たユーザーは「購入するならここをタップすればいいんだ」とすぐにわかると思います。このように、ユーザーに起こしてほしいアクションを明確にしておけると、ユーザーの迷いが減り、それが広告の成果につながってくるのです。

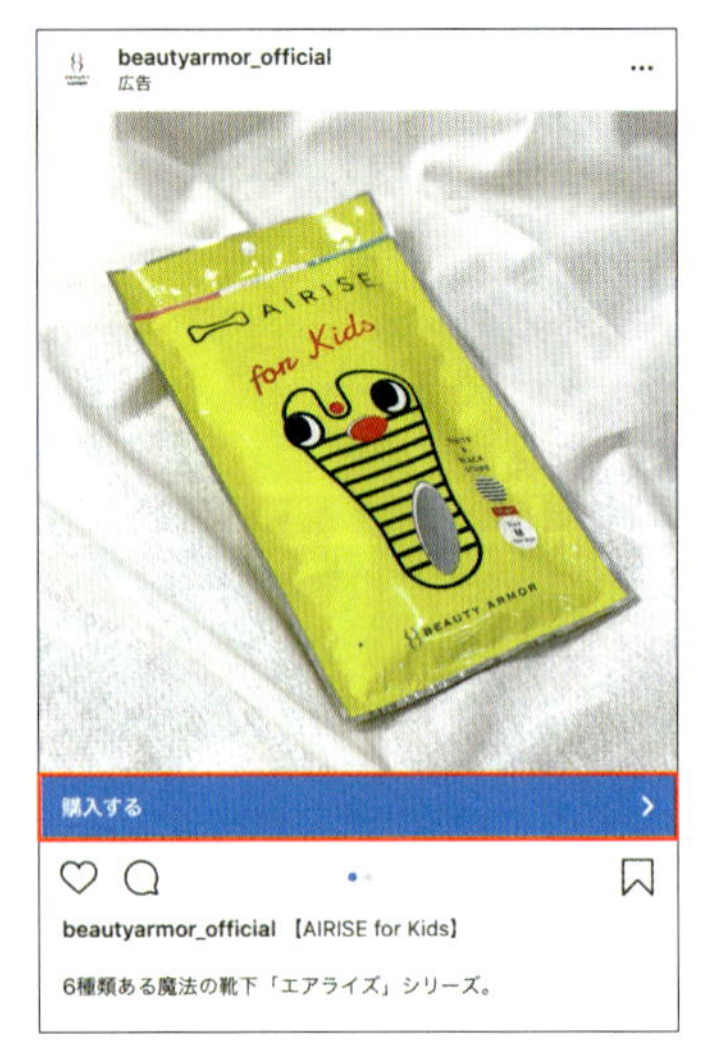

▲ コールトゥアクションボタン

08 インフルエンサーは「エンゲージメント率」を見て依頼する

Instagramで広告を出稿する方法として、ここまでにご紹介した形で自分で広告運用をする他に、その広告運用を弊社のようなSNSでのプロモーションを代行する企業に依頼したり、**「インフルエンサー」**と呼ばれる特定のコミュニティ内で影響力が大きい人をキャスティングして自社商品の宣伝を行ってもらう方法もあります。

テレビで活躍する芸能人を起用すると、年間数千万円〜億単位の契約金が発生します。しかし現代では、テレビには出ていなくてもSNS上でフォロワーを多く集めている準芸能人的なポジションの方も多くいます。そのようなインフルエンサーを活用することで、比較的安価な広告費で、かつ、効果的にターゲット層へリーチできる場合があります。

仕事を依頼する方法として、企業側のＳＮＳ担当者自身が、直接インフルエンサーのアカウントにダイレクトメッセージ（ＤＭ）を送って依頼する方法や、複数のインフルエンサーが所属している事務所に依頼する形で、適切なインフルエンサーをマッチングしてもらう方法もあります。費用面は、各々で異なるため、直接問い合わせてみるのがよいでしょう。

インフルエンサーの中でも、フォロワーが10万人を優に超える著名人クラスの「インフルエンサー」もいれば、フォロワーが1万〜10万程の「マイクロインフルエンサー」や、数千〜1万程の「ナノインフルエンサー」もいます。

フォロワーが少なくなるほど、依頼費用が安くなる傾向にありますので、予算や商材に合わせて使い分けるとよいでしょう。

インフルエンサーの価値はフォロワーで測られることが多いですが、**必ずしもフォロワーが多ければいいというわけではありません**。例えばフォロワーが1万人いても、投稿へのいいね数が１００しかない場合、１００分の1人にしかエンゲージメントできていないアカウントということになり、優秀なインフルエンサーとは言えません。

直近10投稿くらいをピックアップして、**「(いいね数+コメント数)÷フォロワー数」**という式で、簡易的なエンゲージメント率を計算し、その数値ができるだけ高いインフルエンサーに仕事を依頼するとよいでしょう。フォロワーの数が多いとエンゲージメント率は下がる傾向にあるので一概には言えませんが、**この簡易計算式で、大体5%以上のエンゲージメント率になっていれば問題ない**と言えます。

Instagram広告については以上になります。本書はInstagramの操作解説書ではないため、実際の画面を掲載して広告設定の方法などの解説はしませんでしたが、そのあたりの解説が必要な方は、Instagramの公式ヘルプセンターに最新の情報が掲載されていますので、必要な部分をご確認いただき、広告設定を進めてみてください。

● Instagram広告の公式ヘルプセンター

https://www.facebook.com/business/help/976240832426180

●おわりに

私は、人に影響を与えられる人間になりたくて、「本を出したい」と最初に思いました。そこから技術評論社の大和田さんと出会い、前作「Facebookを最強の営業ツールに変える本」が生まれました。これを機に、代表を務める株式会社ROCも設立し、私の人生は大きく変わりました。

実際に、前作の読者の方から、「今まではFacebookで自分のことを発信するのに抵抗がありましたが、この本で考え方が変わりました」「坂本さんの著書に書いてある方法でFacebookを更新していたら、本当にFacebookからお客さんが来ました」「自分がSNSを始められたのは、この本のおかげです」など、本当に数え切れないくらい多くのメッセージをいただきました。本を通して、少しは人によい影響を与えられる人間になれていれば、これほど嬉しいことはありません。

海外翻訳もされ、国内外の多くの方に手にとっていただいた前作の続編を作ろうというところから、本書の企画はスタートしました。結果として続編という枠にとどまらず、Instagram自体の活用ノウハウやテクニックをはじめ、Instagram時代におけるビジネスの思考法や人を集めるための考え方をお伝えできたと思います。

ＳＮＳの業界は、本当に流れが早いです。実際、前作を出版した２０１６年２月時点で、Instagramも主要ＳＮＳとして存在はしていたものの、まだまだ世間一般的にはFacebookが主流でした。その後、日本では「インスタ映え」が流行語大賞となり、ストーリーズをはじめ、様々な機能追加やアップデートにより、Instagramは今や、多くのＳＮＳユーザーの中で中心的な座を占めています。

ちょうど今、この「おわりに」を書いているカフェでは、撮影スポット（壁に描かれた絵）が複数箇所用意され、ドリンクを買った方たちが、その壁の前で写真を撮影しています。その写真は、ほぼ間違いなくInstagramにアップされるのでしょう。

このように、ユーザー自身に自発的に投稿をさせる戦略で「DECAX」を回すことによって、このカフェはInstagram上で話題になり、毎日のように行列ができています。

しかし、どの時代でも集客の本質は変わりません。ターゲットの中でニーズが発生したタイミングで一番に思い出してもらえる企業やお店、商品やサービスが勝ち、選ばれます。そのためには、自分都合の宣伝ばかりでは、ターゲットは興味を示さず、離れてしまいます。前述のようなユーザー自身の自発的な投稿もそうですが、宣伝色を抑え、自社の商品やサービスの世界観を伝えながら、その存在をいかにターゲットの記憶に残すことができるかが重要なのです。

それは、テレビCMも同じです。商品やサービスのイメージに合った有名芸能人を起用し、覚えやすいキャッチーなCMソングを流すことで、宣伝色を緩和しているのです。その結果、ターゲットの記憶に自社の商品やサービスの存在を定着させ、ニーズ発生時に購買行動を起こさせることに成功しています。本書でお伝えしたことを実践していただければ、それと同じようなことがInstagramでできるのです。

もし、これからInstagramの次の時代になったとしても、この本質は変わりません。本書をここまで読んでくださった皆さんには、その考え方がすでに身に付いていると思います。

皆さんの今後のInstagram運用の参考になるかもしれませんので、ぜひ私個人のアカウント（@genxsho）や、株式会社ＲＯＣのアカウント（@rocinc_official）をフォローしていただければと思います。

また、「＃インスタ思考法」というハッシュタグを付けて、本書の写真や感想などを投稿していただけると嬉しいです。そのハッシュタグを通じて私のもとにも投稿が届きますので、Instagram上で見かけたら必ずいいねやコメントをさせていただきます。

最後に、本書を手にとってくださった読者の皆さんをはじめ、本書に関わってくださった全ての方に感謝です。本当にありがとうございました！

坂本　翔

●著者プロフィール

坂本 翔　Sakamoto Sho

株式会社ROC 代表取締役CEO
行政書士オフィス23 代表
Relax Time株式会社 取締役副社長
SNS・ITジャーナリスト

高校時代、バンド活動で食べていくことを決意するも、来場者が3名のイベントを経験。集客の重要性を痛感し、当時ブームだったブログを活用した集客法で、高校生ながら赤字続きだったイベントを黒字へ転換する。
士業の認知度向上などを目的に「士業×音楽＝LIVE」を主催。延べ1,100名以上をSNS経由で費用をかけずに集客。23歳で兵庫県内最年少の行政書士として起業するも、この実績をきっかけにSNSコンサルティング事業を創業。
その後、25歳で商業出版を実現。「Facebookを最強の営業ツールに変える本」「Instagramでビジネスを変える最強の思考法」などの著書は海外翻訳もされ、国内外でヒット。SNSマーケティングを伝えるセミナーや企業内部のSNS研修、学生向け起業講演など、年間50本以上の講演をこなす。
現在は、SNSプロモーション事業を全国に展開する株式会社ROCの代表として、中小企業から上場企業まで様々な業界のSNS施策を担当。また、SNSに詳しいITジャーナリストとして、テレビや週刊誌などメディアでも活躍している。

@genxsho

ブックデザイン○小口翔平＋永井里実（tobufune）
レイアウト・本文デザイン○リンクアップ
編集○大和田洋平
技術評論社Webページ○https://book.gihyo.jp/116

■お問い合わせについて

本書の内容に関するご質問は、下記の宛先までFAXまたは書面にてお送りください。なお電話によるご質問、および本書に記載されている内容以外の事柄に関するご質問にはお答えできかねます。あらかじめご了承ください。

〒162-0846
新宿区市谷左内町21-13
株式会社技術評論社　書籍編集部
「Instagramでビジネスを変える最強の思考法」質問係
FAX番号　03-3513-6167

なお、ご質問の際に記載いただいた個人情報は、ご質問の返答以外の目的には使用いたしません。また、ご質問の返答後は速やかに破棄させていただきます。

Instagram（インスタグラム）でビジネスを変（か）える最強（さいきょう）の思考法（しこうほう）

2019年　8月24日　初版　第1刷発行
2023年　4月27日　初版　第14刷発行

著者　坂本（さかもと）　翔（しょう）
発行者　片岡　巌
発行所　株式会社技術評論社
東京都新宿区市谷左内町21-13
電話　03-3513-6150　販売促進部
03-3513-6160　書籍編集部
印刷／製本　港北メディアサービス株式会社

定価はカバーに表示してあります。

ISBN978-4-297-10698-0 C3055

Printed in Japan